KB144010

개정2판

Global Food Culture

세 계 각 국 음 식 문 화 의 흐 름 과 역 사 를 한 눈 에

세계 음식문화

김의근·김석지·박명주
이선익·우문호·이철우

Indian Occan

백산출판사

서문

　인류는 어떤 형태로든 음식을 섭취하며 오늘날까지 생존해 왔다. 시간의 흐름과 지역여건 등에 따라 다양한 유형의 음식이 자연스레 개발되어 그 음식을 먹으며 인류는 지금까지 생존하고 있다.

　음식은 단순히 그냥 만들어지는 것이 아니고 오랜 전통 속에서 그 지역의 토양, 기후, 지역민들의 기질 등이 어우러져 만들어지는 산물이다. 즉 각 나라 음식은 그 지역의 총체적인 내용이 담겨 있는 것이다. 특정 국가나 민족에 대한 음식의 이해는 그 국가나 민족에 대한 이해의 중요한 일부분이라 할 수 있다. 또한 현재의 음식은 단순히 한 끼니를 채우기 위한 역할뿐만 아니라 인간과의 교재 시의 중요 매개체로서의 역할이 점점 부각되기 때문에 식사의 예절 또한 중요하게 되었다.

　본 책은 총 4개의 장으로 구성되어 있다.

　1장에서는 음식문화란 것은 무엇이고 어떤 의미를 가졌는가에 대해 서술하였고, 2장은 세계 주요 국가의 음식에 대해 나라별로 특징과 유형을 실체적으로 설명하였다. 그리고 제3장은 다양한 유럽 음식문화를 서유럽과 남유럽으로 나누어 설명하였다. 4장에서는 세계의 주요 차, 술, 향신료에 대하여 언급하였다. 마지막으로 5장에서는 식사예절에 대한 내용을 담았다. 식사를 어떻게 해야 품위가 있으며 함께 식사하는 타인에게 불쾌감을 주지 않는지에 대해 서술하였다.

이 책은 음식에 많은 관심이 있으며 현재 이 분야를 강의하는 필자들의 졸고를 모아 이렇게 책으로 엮었으나 아직은 부족함이 많음을 고백하지 않을 수 없다. 앞으로 내용을 꾸준히 보완하여 더 좋은 책을 만들 것을 약속드린다.

항상 우리들의 책을 흔쾌히 출간해 주시는 백산출판사의 진성원 상무님과 이하 관계자분께도 감사드린다.

저자 일동

세계 음식문화 *Food & Culture*

C o n t e n t s

제1장 음식문화의 이해

제2장 세계 음식문화의 이해

제3장 유럽의 음식과 문화

제4장 세계의 차, 술, 향신료

제5장 테이블 매너

01 음식문화의 이해

1. 음식문화의 개념

"사람은 무엇을 먹고 마시는지에 따라 생각하고 꿈꾸고 행동한다."

– F. T. 마리네티

1) 음식문화의 중요성

(1) 세계화와 지구촌의 1일 생활권의 도래

(2) 다른 나라의 언어와 생활 및 문화에 대한 이해의 필요

(3) 개인이나 국가 간의 우호적인 관계를 유지하기 위해 음식문화의 중요성이 대두
되고 있다.

먹거리가 여행의 즐거움 중 하나일 뿐만 아니라 그것을 통하여 그 지역의 풍토와
문화를 이해할 수 있다. 음식의 재료가 되는 식품은 그 지역의 기후와 토지 조건을

반영하고 있으며 작물 그 자체가 문화의 산물이다. 조리방법과 식사예절은 그 지역의 독자성을 엿볼 수 있을 뿐만 아니라 개별적인 문화를 넘어 폭넓은 문명, 예를 들면 '젓가락을 사용하여 식사하는 지역은 동아시아 문명의 범주에 속하며 이슬람 문명권과도 공통되는 식사예절'이라는 것도 알 수 있다. 먹거리는 신체에 영양을 줄 뿐만 아니라 지적 호기심을 만족시키는 수단이기도 하다. 음식을 먹는다는 것은 정보를 먹는 것이기도 하다.

다만 그러기 위해서는 작은 모험심을 필요로 한다. 낯선 음식을 입에 댄다는 것은 저항감이 따르고 때로는 위생적으로 문제가 있을 것 같은 음식을 눈앞에 두고 호기심과 위생 사이에서 고민할 수도 있다. 세계 어느 곳이나 먹거리에 대해서는 대체로 보수적이다. 낯선 음식을 입에 대는 것을 도전한다고 생각하는 사람이 많다. 그래서 서양인의 생활체계에 맞도록 만들어진 호텔에서 식사한다면 안심할 수 있겠지만 그 지역의 음식을 맛보기는 쉽지 않다.

현지의 전통음식을 음미해 보려면 호텔을 나와서 그 지역 사람들이 많이 모이는 대중식당에 들어가봐야 한다. 그것은 의외로 용기가 필요하다. 안내역할을 애써 맡아줄 안내자가 있으면 그보다 좋은 일은 없지만 혼자서 들어간다면 말은 통하지 않고 우선 무엇을 먹으면 좋을지 도무지 알 수가 없다. 짐작으로 메뉴를 가리켜 주문해 본 결과 수프 종류만 나오는 경우가 생길지도 모른다.

2) 음식문화의 개념 이해

식재료를 조리하고 가공하는 체계와 식사행동의 체계를 통합한 의미로 식재료의 획득방법과 종류, 조리 또는 가공하는 방법, 식기류, 모양과 재료, 상차림 및 음식을 먹는 방법 등에 대한 정보를 이해하며, 음식문화를 통해 한 국가의 역사, 관습, 전통, 종교, 국민성 등을 보다 쉽게 이해할 수 있다.

우리는 생명을 유지하고 활동에 필요한 영양분을 얻기 위해 더 나아가서는 정신적 만족감과 안정감을 충족시키기 위해 매일 음식을 먹어야 한다. 음식은 인간의 생존활동이고 살아가기 위한 수단이다.

문화의 정의 ● ● ● ● ●

* Williams는 문화란 '삶의 방식의 총체'라고 정의하면서 이는 문화가 사람들의 가치관(value), 태도(attitude), 행위(behavior) 또는 사고방식(way of thinking), 느낌의 방식(way of feeling) 그리고 행동의 방식(way of acting)으로 규정하였다.

* 미국의 인류학자 Kluckhohn에 따르면 문화는 '후천적 역사적으로 형성되는 외면적 내지 내면적인 생활양식의 총체이며 집단전원 또는 특정 구성원에 의해 공유되는 것'이라 정의했다.

■ 따라서 문화란 언어, 종교, 의식주, 결혼형태, 풍속, 도시·농촌의 거주양식 등으로 이루어진 생활양식의 총체이다.

음식의 역사는 곧 인류의 역사이다. 인류는 오랜 시간 먹을 것을 구하기 위해 자연과 더불어 문명의 발달을 꾀하여 왔으며 그 형태는 시대와 처해진 입장에 따라 조금씩 다르지만 인간의 발명·발견과 전파의 행동 속에서 지속적으로 보다 나은 형태로 발달하여 왔다. 원시사회에서의 도구와 불의 이용, 목축과 농경의 시작이라는 커다란 변화를 거쳐 현대사회의 산업화와 과학화는 음식의 풍요로움과 다양함을 가져다주었다.

다양한 음식물의 습득과 그 음식을 가공, 조리 및 조리기구와 식기의 사용, 식사예법 등은 풍토와 생활습관 등을 통해 자연·사회·문화·경제 등의 변화하는 환경 속에서 서로 다른 새로운 양식을 낳았다. 이러한 양식을 음식문화로 정의할 수 있으며 더 나아가서는 개인이나 집단이 소유할 수 있는 역사적·문화적 산물이다.

음식문화의 이해는 개인이나 집단의 역사와 문화를 이해할 수 있는 중추적인 역할을 한다. 복잡하고 다양한 현대사회를 살아가기 위해서는 개인이나 여러 나라의 문화에 관한 이해가 절실히 필요하다. 따라서 개인이나 국가가 지닌 음식문화의 특징을 이해하고 인정한다면 개인 또는 한 국가의 역사, 관습, 전통 등을 보다 친밀한 관계 속에서 쉽게 이해할 수 있을 것으로 본다.

2. 식생활과 식문화권의 분류

　세계의 음식문화권은 자연환경·전통·종교·생활양식 등에 따라 다양하다. 세계 여러 국가와 민족은 그 지역의 자연환경에 영향을 받아 그 지역에 적합한 곡류를 재배하고 그 음식을 먹으며 식생활을 영위하고 있다. 주식과 음식을 먹는 방법에 따라 문화권을 몇 개로 분류할 수 있다.

※ 세계의 다양한 식생활 재배와 사육

재배 품종	재배 및 사육 시대	재배 및 사육 개시 지역
보리	기원전 7000	카스피해 연안, 양쯔강 유역
밀	기원전 6000	중근동, 카스피해 연안
벼	기원전 5000	중국 운남성 고원지대, 아삼 지방
옥수수	기원전 4800	멕시코
감자	기원전 500	안데스산맥
고구마	기원전 2000	멕시코
양-염소	기원전 9000	카스피해 연안
멧돼지	기원전 8000	남아시아
야생 들소	기원전 6000	서아시아

1) 주식에 따른 분류

(1) 밀 문화권

　밀은 소맥으로 불리고 중동의 아프가니스탄이 원산지이다. 밀을 재배하는 지역은 건조한 지역으로 수확량이 적고 목축업이 발달하여 동물성 식품을 많이 섭취한다.

인도 북부, 파키스탄, 중동, 북아프리카, 유럽, 북아메리카 등에서는 주식으로 이용되며, 밀 재배와 목축업이 적합한 유럽지역에서는 밀가루를 이용하여 발효시킨 빵을 만들어 먹거나 소, 돼지, 양 등의 육류를 이용한 음식이 많다.

즉 건조한 곳이어서 수확량이 적고, 목축이 많이 이루어지고 있어서 동물성 식품을 상대적으로 많이 섭취하는 특성이 있다.

(2) 쌀 문화권

쌀의 재배가 잘 되는 아시아권에서는 쌀을 주식으로 이용하였다. 벼는 인도의 갠지스강 유역, 동남아시아에서 재배되기 시작하여 오늘날 인도 동부, 태국, 라오스, 한국, 일본, 필리핀, 인도네시아, 말레이시아 등 동북, 동남 아시아권에서 주식으로 사용하고 있다. 쌀은 소맥에 비하여 저장성이 용이하고 맛이 좋다.

우리나라와 일본 및 중국은 끈기가 있는 쌀밥을 선호하며, 동북아시아 지역에서는 끈기가 적은 쌀밥 또는 쌀국수를 선호하는 추세이다.

(3) 옥수수 문화권

옥수수의 원산지는 멕시코이며 미국의 남부, 멕시코, 칠레, 페루, 아프리카 지역에서 주식으로 먹는다. 아프리카는 옥수수가루로 수프 또는 죽을 끓여 먹고 페루나 칠레는 낱알을 그대로 갈아서 죽으로 먹고 멕시코에서는 옥수수가루를 반죽하여 둥글고 얇게 펴서 전병으로 구워먹는데 그중 또띠야(tortilla)가 유명하다. 고산지역에서도 옥수수를 주식으로 이용한다.

(4) 서류 문화권

서류인 감자, 고구마, 토란, 마 등은 덩이줄기나 뿌리를 이용하는 작물로 특별한 조건 없이도 쉽게 재배가 가능하여 동남아시아, 태평양 남부의 여러 섬, 열대지역에서 주식으로 이용하고 있으며 1550년 유럽에 전래된 감자는 여러 국가에서 밀과 함께 감자를 주식으로 먹고 있다. 수분이 많아 쌀에 비해 저장성이 낮다.

2) 식사도구에 따른 분류

식사도구의 이용방법에 따라 식생활 문화권을 분류하면 음식을 직접 손으로 먹는 수식문화권, 숟가락이나 젓가락을 이용하여 음식을 먹는 저식문화권, 나이프나 포크, 스푼을 이용하는 문화권으로 구분할 수 있으며 그 비율이 각각 40%, 30%, 30% 정도이다.

(1) 저식문화권

밥을 주식으로 먹는 문화권 특히 한국, 일본, 중국은 수저문화가 발달하였다. 한국과 중국은 수저를 함께 사용하며 일본은 젓가락만 사용한다. 특히 한국인은 국물이 있는 음식과 밥 문화가 발달되었기 때문에 숟가락을 많이 사용하며, 중국과 일본은 젓가락을 많이 사용하며 국물의 경우 입으로 직접 마신다.

한국의 젓가락을 일본에서는 하시, 중국에서는 콰이즈라 한다. 한국의 젓가락은 금속재질로 납작하고 상하 굵기의 차이가 적고, 일본의 하시는 나무 재질로 끝이 뾰족하며 짧고 상하 두께의 차이가 있으며, 중국의 콰이즈는 대나무나 플라스틱 재질로 끝이 뭉뚝하며 길고 상하의 두께 차이가 거의 없어서 기름진 음식을 먹기에 용이하다.

※ 한국 · 일본 · 중국의 젓가락 비교

구분	한국	일본	중국
명칭	젓가락	하시	콰이즈
재질	금속	나무	플라스틱, 대나무

구분	한국	일본	중국
형태	납작하고, 위-아래의 굵기에 차이가 조금 있다.	끝이 뾰족하고, 길이가 짧으며, 위-아래의 굵기에 차이가 크다.	끝이 뭉뚝하고, 길이가 길고, 위-아래의 굵기에 차이가 없다.
특징	표면적이 많아 다양한 반찬을 선택하기 편리하다.	생선을 발라먹기에 적당하다.	기름지고 뜨거운 음식을 잡기에 적당하다.

(2) 수식문화권

아프리카대륙, 동남아시아, 오세아니아 및 남미의 원주민들이 주로 손을 이용해서 먹는 문화권에 속한다. 손으로 음식을 먹으면 원시적으로 보일 수 있지만 음식물을 신성한 것으로 여겨 도구를 사용하지 않는 종교적인 이유로 특히 이슬람과 힌두 문화권에서 발달하였다. 이들 문화권에서는 오른손만으로 식사를 하며 항상 손을 깨끗하게 해야 하는 엄격한 매너가 있다.

(3) 스푼 · 나이프 · 포크 문화권

서양은 주로 육류를 주식으로 하기 때문에 고기를 절단하거나 음식을 찍어 먹기 위해 나이프와 포크가 발달하였다. 스푼과 나이프는 고대시대부터 사용된 반면 포크는 16세기 이탈리아와 17세기 영국에서 사용되었으며 그 이후 유럽에서 시작된 포크, 나이프 문화는 아메리카, 오세아니아 등으로 이민 온 백인들에 의해 확산되었다. 초기 포크의 용도는 식사도구가 아니라 주둥이가 좁은 단지에서 시럽에 절인 과일을 꺼내는 것으로 지금의 깡통 따개와 같은 역할을 한 것으로 알려져 있으며, 주로 귀족이나 상류계급의 식탁에서만 사용되었고 대중적으로 사용된 것은 18세기 이후이다.

구분	특징	지역	인구
수식문화권 (手食文化圈)	· 이슬람교권, 힌두교권 · 동남아의 일부 지역에서는 엄격한 수식 매너가 있다.	동남아시아, 서아시아, 아프리카, 오세아니아(원주민)	40% (24억)

구분	특징	지역	인구
저식문화권 (箸食文化圈)	· 중국문명 중화식(火食) 문화에서 발생 · 중국과 한국은 수저를 함께 사용 · 일본은 젓가락만 사용	한국, 일본, 중국, 대만, 베트남 등	30% (18억)
스푼 · 나이프 · 포크 문화권	· 17세기 프랑스 궁정요리 중에서 확립 · 빵은 손으로 먹는다.	유럽, 러시아, 호주, 북아메리카, 남 아메리카	30% (18억)

3. 음식문화와 형성요인

1) 세계 음식의 변화

기호식품은 100~200년의 시간이 경과된 후에 정착된다. 그러나 한 국가를 상징하는 음식문화도 국가 간의 활발한 문화적 교류에 따라 서서히 변화되고 있다. 세계화의 흐름 속에서 음식문화도 동양과 서양이 혼합되어 가는 것을 막을 수 없다. 음식의 재료, 각종 양념, 조리법, 상차림, 식기류 등에서 동서양의 퓨전이 이루어지고 있는 것이 세계적인 추세이다.

식생활 양식이나 풍습은 주로 자연적, 사회적, 경제적, 기술적 요인들의 영향을 받으며 형성된다. 여러 요인들은 밀접하게 관련되어 상호작용을 하면서 오랜 기간에 걸쳐 식생활문화에 영향을 준다.

2) 음식문화 발전의 이해

음식문화의 발달은 개인이나 국가가 처한 기후, 지형, 토양의 조건 등의 자연환경과 종교, 의례, 풍속 등의 인간의 기술을 공유하면서 사회적인 여러 규범 속에서 의·식·주·언어·종교·미술 등의 여러 문화적 요소와 어우러져 긴 시간을 통해 역사적으로 발전해 왔다.

음식에 대한 사회적 인식도 시대의 흐름에 따라 과거의 단순한 생존의 개념에서 벗어나 건강과 영양, 조리과정 등에 중점을 두고 변화하고 있으며 '조리는 예술이다'는 말과 같이 단순한 조리의 개념에서 벗어나 점차 예술적인 면을 강조하면서 하나의 창작활동으로 발전하고 있다.

특히 인간은 다른 동물과는 달리 음식과 관련된 문화를 통해서 생명을 유지하고 서로의 관계에서 사랑과 삶의 동반자로서 정신적인 만족과 안정을 추구하여 생활의 활력을 얻게 될 뿐 아니라 자신의 삶을 더욱 윤택하게 하고 있다.

식생활과 관련된 음식문화는 때로는 인생의 통과의례의 상징적 표현을 나타내기도 하며 축제의 한 부분을 차지하기도 한다. 또한 인간의 삶에 있어서 감사와 부와 성공의 정도를 가늠하는 척도로 인식되기도 한다.

각 나라마다 음식문화의 표현방식은 다양하지만 그 나라의 정신적, 예술적 호기심이 종합적으로 표현되어 발전하고 있다. 근래에는 음식문화의 세계화와 퓨전화로 인해 지역적 특색이나 국가 간의 경계선이 사라지고 있고 대량생산체제의 소비풍조로 인해 새로운 형태의 음식문화가 생기고 자리 잡고 있다. 이 또한 현대인의 생활에 맞게 발전하는 새로운 형태라 할 수 있다.

3) 음식문화 발전에 영향을 끼친 요인

오늘날의 음식문화는 개인적·가정적·사회적·환경적 차원의 다양한 요인과 융화·발전하여 다양한 형태로 발전하고 있다. 음식은 고대시대에는 지배계급의 전시품으로 표현되기도 하였고 중세시대에 들어와서는 부의 상징으로 그 수준이 극치로 표현되어 시각적인 면을 매우 중요시하여 마치 극장 구경을 관람하는 기분으로 연회에 초대되기도 했다.

음식의 종류에도 위계가 엄격하게 나뉘어 땅과 가까운 식품 즉, 구근류나 가축은 저급한 식품으로 하늘과 가까운 식품 즉, 열매나 날짐승은 상층의 식품으로 구분지어 인식되기도 하였다.

음식문화의 인식은 여러 가지 자연적·사회적·경제적·기술적 요인 등에 의해 변화되어 왔으며 현재에 이르는 음식문화 발전의 형성요인을 크게 정리하면 다음과 같이 설명할 수 있다.

(1) 자연적 요인

인간이 살아가는 자연환경은 산·강·습지·바다·사막 등 다양한 지형과 열대·온대·한대 등과 같이 서로 다른 기후 그리고 다양한 수질 및 토양 등으로 인간생활에 밀접한 영향을 주고 있다. 인간은 자연과 더불어 순응하고 적응하며 지혜롭게 살아왔고 이러한 자연적 요인을 활용하여 자연으로부터 다양한 먹거리를 얻어왔으며 그 자연산물이 각기 달라 다양한 형태의 음식문화가 형성되어 왔다.

자연은 문명의 발달이 미비한 과거나 고도로 발달한 현대에도 정도의 차이는 있지만 인간 생활에 직접적인 영향을 준다. 특히 기후는 인간의 생리적 현상에 밀접한 영향을 주는 요인으로 기후에 따라 섭취하는 음식의 종류나 형태의 차이가 크다.

한대기후에서는 비교적 음식이 담백하고 싱거운 편이며 음식의 종류도 다양하지 못해 그 지역의 산물인 생선과 유제품을 이용한 음식의 사용이 두드러진다.

온대기후에서는 곡류, 채소 등 생산되는 산물이 다양하여 음식의 종류도 많고 이러한 식재료를 활용한 조리법도 다양하게 많이 소개되고 있다. 또한 음식에 적당한 향신료의 사용으로 미각의 다양한 욕구를 충족시켜 준다.

열대기후에서는 에너지 소비량이 높아 기름을 이용한 고칼로리의 음식이 주를 이루며 풍부한 과일의 생산으로 과일을 이용한 음식이 잘 발달되어 있다. 또한 더위로 저하된 내장기관의 활성화를 위해 향신료를 많이 사용하여 소화를 도와주는 조리법이 개발되었다.

구분	음식 특성	주생산품
한대	· 맛이 담백하다. · 가공을 거의 하지 않는다. · 음식의 종류가 적다. · 생선을 생식한다.	순록, 곰, 수렵, 해조류, 치즈, 요구르트 등
온대	· 다양한 먹거리가 생산된다. · 가공품이 발달되었다. · 음식의 종류가 다양하다. · 찰기 있는 쌀을 이용한다. · 적당량의 향신료를 이용한다.	목축, 건조식품, 유제품, 다양한 채소류, 수박, 딸기, 다양한 축산물, 쌀 등의 곡물류

열대	· 과다한 향신료 사용 · 기름을 이용한 조리법 발달 · 음식의 종류가 비교적 적음 · 채소 대신 과일 이용 · 찰기가 적은 쌀의 이용	낙타, 물소, 목축, 유제품, 쌀, 옥수수, 밀, 콩, 땅콩, 카사바, 열대성 과일, 어패류, 각종 향신료

(2) 사회적 요인

음식문화는 종교 · 관습 · 세대 · 가족형태 · 연령 · 직업 · 개인적 기호 등의 사회적 요인에 따라 다르게 나타나며 도시화의 수준이나, 국제화의 정도, 정보화 등의 요인에 의해서도 다양한 음식문화가 형성된다.

한 예로 세계 각국의 종교 또는 예로부터 전해지는 미신이나 선조로부터 전해져 내려오는 관습 등에 따라 금기하는 다양한 식품이 있다. 각 나라의 음식문화를 이해하기 위해서는 먼저 이러한 금기식품을 비롯한 그 나라의 종교, 관습, 전통 등의 여러 사회적 요소와 음식과의 관계를 이해하고 인정하는 것이 앞서 이루어져야 할 것이다.

특히 종교는 여러 사회적 요인 중에 개인이나 국가의 음식문화에 가장 큰 영향을 준다. 종교에 따른 음식문화의 특징을 살펴보면,

먼저 기독교는 종파에 따라 약간의 차이는 있지만 술을 금하고 채식 위주의 식단을 지향한다.

불교는 살생을 금지하여 동물의 고기를 먹지 않으며 채식을 원칙으로 한다.

이슬람교는 율법에 따라 죽은 짐승의 고기나 피를 금기시하며 특히 돼지고기를 섭취하지 않는다. 힌두교는 쇠고기와 술을 금지하며 카스트 제도의 영향으로 상위 계급일 경우에는 주로 채식만을 한다.

음식문화에 대한 가치관의 차이도 연령에 따라 매우 다르게 나타난다. 중 · 장년 층에서는 건강 유지와 질병 예방에 도움이 되는 음식에 관심이 많으며 가공식품 및 인스턴트식품보다는 자연건강식품을 더 선호하며 전통적인 식생활을 추구한다. 반

면 젊은 층은 바쁜 생활로 인하여 음식의 맛과 기호, 간편한 식사를 추구하며 새로운 음식이나 외국 음식에 대한 거부감이 적어 식사를 즐거움의 또 다른 형태로 즐기며 여가생활의 일부분으로 생각한다.

현재의 가정형태가 점차 핵가족화되면서 예부터 내려오는 전통적인 음식문화는 점차 사라지고 현대의 시대상황에 맞게 다양하고 새로운 음식문화가 자리 잡아가고 있다.

(3) 경제적 요인

소득 · 생활수준 · 취업상태 · 여행 등 식생활에 영향을 미치는 요소들이다. 생활수준이 향상되고 소득이 높아질수록 건강에 유익하고, 맛 좋고, 영양가 높은 새로운 음식에 대한 관심은 더욱 커지고 식생활도 질적으로 양호해진다. 새로운 음식을 찾아 국외로 관광을 다니는 사람들이 늘어나고 그 나라의 향토음식이나 특산물을 관광상품으로 개발하여 판촉하는 경우도 늘어나고 있으며 여성의 활발한 사회활동으로 주방에서 머무는 시간이 줄어듦으로써 음식문화의 패턴과 선택이 간편하고 다양한 형태로 변화되고 있다.

(4) 기술적 요인

인류의 불과 도구의 이용 · 농업화 · 산업화 · 과학화는 음식문화 혁명의 계기가 될 수 있는 식품 생산 · 저장 · 가공 · 유통 등의 기술 발달을 가져와 인간의 식생활에 풍부한 먹을거리를 제공해 주고 있으며 편리한 취사도구 · 전자제품의 개발은 조리방법의 혁신을 유도함으로써 우리의 식생활을 풍요롭고 다양하게 변화시켜 왔다. 한편 교통과 유통의 발달로 개인 및 국가 간의 공간적 · 시간적 차이에 구애받지 않고 원활하고 빠른 식품의 공급이 이루어져 지역 간 식생활의 차이를 좁혀주고 있다.

4) 음식문화의 발전과정

(1) 제1단계(원시단계)

자연을 이용하며 수렵, 채집, 가축의 사육 등으로 식량을 확보하며 주로 육식 위주의 생활을 한다. 모든 사회 구성원이 식량의 수집에 종사하고 사회 계급의 구분이 뚜렷하지 않으며 혈연으로 이루어져 있으며 사유 개념이 희박하다.

(2) 제2단계(기아단계)

계획적인 농경생활이 시작되는 단계이다. 대부분의 사회구성원이 농업에 종사하며 식량이 부족하다. 지역 및 신분계급 간의 식생활의 정도가 매우 큰 차이를 보이며 가부장적 권위가 높아 가족 간의 음식소비에도 차이를 나타낸다. 영양부족, 기아로 인한 사망률이 높으며 남아선호사상이 강하다.

(3) 제3단계(안정단계)

인구의 급속한 증가로 상업적인 영농이 시작되는 단계이다. 음식소비의 패턴이 다양하게 변화하고 식생활의 정도가 지역 및 신분계급 간에 따라 차이를 보이며, 소비하는 음식의 양과 질이 다르게 나타난다.

(4) 제4단계(식도락의 단계)

인구의 증가가 평균적으로 안정되며 상업적인 영농이 정착되는 반면 농업인구의 수는 급격히 감소한다. 쌀의 소비가 줄어들고 동물성 식품의 섭취가 증대되며 기타 가공 및 인스턴트식품, 청량음료 등의 소비가 증대된다. 성인병의 발병률이 높아지고 외식을 즐기는 인구가 증가하며 외국의 유명체인점이 활발하게 진출한다.

(5) 제5단계(건강 및 장수지향 단계)

고도화된 영농기술의 발달로 산업적인 영농이 정착하며 농촌의 비율도 줄어든다. 다양한 식품의 소비가 증대되고 건강식품에 대한 인식과 소비가 증가하며 지역과 계층 간의 식생활형태가 비슷해진다. 성인병의 급증으로 다이어트와 스포츠가 일상화되고 노인과 관련된 실버산업이 번성한다.

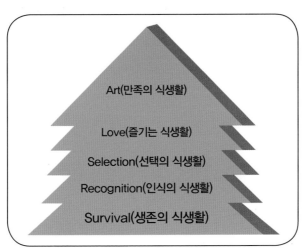

▲ 식생활 발전의 5단계 구도

4. 음식문화와 종교

인간의 정신문화 양식의 하나로 여러 가지 문제 중에서도 가장 기본적인 것에 관하여 경험을 초월한 존재나 원리와 연결지어 의미를 부여하고, 또 그림을 빌려 통상의 방법으로는 해결이 불가능한 인간의 불안·죽음의 문제, 심각한 고민 등을 해결하려는 것이다. 종교의 기원은 오래이며, 그동안 많은 질적 변천을 거쳐 왔으나 오늘날에도 인간의 내적 생활에 크게 영향을 끼치고 있다. 초경험적·초자연적이면서 의지를 가진 존재로 믿어지는 것이 신이나 영혼이며, 원리로 인정되는 것이 법·도덕이다. 이것들은 단순한 사상이나 이론이 아니라 종교적 상징으로 만자(卍字)나 십자가(十字架)는 물론 신상(神像)과 같은 구체적인 형태로 표현되는 경우가 많다. 또 신의 초인간적 행동이 신화로써 전해지고 숭배의 일정한 형식인 의례(儀禮)가 행해지는데, 이러한 종교의 특징이 고대로부터 철학자·지식인들 사이에 종교에 대한 경멸심을 일으키게 하고, 과락의 인식과 모순된다고 지적받고 있다. 그러나 한편으로는 일상의 경험으로는 도저히 체험할 수 없는 구체성·실재감(實在感)이 사람들의 종교를 지탱해 가는 매력이다.

또 하나의 특징은 신앙을 함께하는 자들끼리 신앙적 공동체를 가지고 있다. 같은 신앙을 가진다는 원칙 위에 결성된 집단을 교단(敎團)이라고 하는데, 교단은 승려나 목사와 같은 전문가를 양성하여 신자에게 교리를 철저히 가르치며 공동체의 유지를 도모하는 한편, 외부에 대해서는 새로운 신자를 획득하는 행동, 즉 전도(포교)를 한다. 교단에서는 사람들이 태어날 때부터 가입하는 경우와 자기의사에 따라 가입하는 경우가 있다. 세계적인 여러 사상이 나타난 시기에 발전한 종교사상 중에서 후세에 가장 크게 영향을 끼친 것은 현세부정의 사상이다. 미개·고대의 시대에는 타계(他界)관념은 있었어도 현세의 가치는 부정되지 않는데, 이 시기의 종교는 인간은 영원히 이 세상에 전생(轉生)하며 고통을 경험해야만 한다든지, 타고난 죄(원죄)의

관념 등을 가르쳤다. 이와 같은 문제의 해결에는 이미 현세의 인간관계에 의지할 수 없기 때문에 그 구제는 초자연적인 힘에 의하여 내세에서 달성된다고 생각하게 되었다. 이리하여 민족 특유의 종교로부터 세계적 · 보편적인 종교가 출현하였다. 그중에서도 BC 5세기에 힌두교에서 나온 불교, 1세기에 유대교에서 출발한 그리스도교, 7세기에 아라비아의 민족종교에서 발생한 이슬람교가 가장 세력을 떨쳤다. 이종류의 종교는 석가, 예수, 그리스도, 마호메트와 같은 교조가 있어서 각기 교단을 형성하고 민족의 테두리를 넘어서 전도활동을 활발히 하였다. 그 내부에서는 여러 가지 변천이 있었으나 현재에 이르기까지 그 조직은 존속되어 정치적 집단에 비해 훨씬 오랜 연속성을 지니고 있다.

1) 종교의 금기(禁忌)음식

불교, 그리스도교, 힌두교, 유대교, 이슬람교의 금기에 대해 살펴보면, "금기란 무엇인가?"라는 정의를 간단히 살펴본 후 각 종교의 음식금기에 초점을 맞추어 전개해 나가고자 한다. 금기(禁忌)와 터부(taboo)는 거의 같은 뜻을 가진 낱말이므로 혼용하였다.

(1) 터부(taboo)란 무엇인가?

인류 역사상 터부(taboo)가 없는 사회는 동서고금을 막론하고 어느 곳에도 존재하지 않는다. 미개사회뿐만 아니라 과학기술이 현저하게 진보된 현대사회에서도 터부는 엄연히 존재한다. 예를 들어 오늘날 대부분의 서양인들 사이에는 '애완동물을 먹어서는 안 된다'라는 금기가 있고, 일부 아시아 지역에서도 '윗섭이 안으로 들어가게 옷을 입지 마라', '문지방을 밟지 마라', '밤에는 숨바꼭질을 하지 마라' 등과 같이 다양한 터부가 있다. 이러한 터부는 어디서 생겨난 것일까?

마젤란(Magellan)이 지구가 둥글다는 사실을 세상에 알렸다면, 쿡(Cook) 선장은 태평양 지도를 만든 사람이다. 1768년 8월 26일, 쿡 선장은 자신이 직접 제조한 인데버(Endeavour)호에 선원, 학자, 화가 등을 태우고 플리머드항을 떠나 이듬해 4월 10일에 타히티섬에 이르렀다. 이 섬의 원주민은 격의 없이 서로 어울리며 남녀의 구별 없이 한 가족처럼 지냈지만 식사할 때만큼은 반드시 남녀가 따로 했다. 원주민들은 이런 습관을 가리켜 '터부'라고 불렀다. 또 쿡 일행이 하와이에 상륙했을 때, 역시 타히티와 똑같은 습관을 목격하게 된다. 1779년 쿡 선장이 하와이에서 살해당하고 유럽 일대에서 그의 '항해일지'가 널리 읽히기 시작했는데 여기에 새로운 단어인 '터부'라는 말이 있어 세계 공통어로 자리 잡게 된다.

터부의 어원적인 의미를 살펴보면 여러 가지 설이 있지만, 가장 유력한 학설의 결론은 '타(ta)'는 '표시한다, '푸(pu)'는 '뚜렷하게, 강하게'라는 의미이다. 즉 이상한 것이나 비일상적인 것을 명확하게 표시한다는 뜻으로 해석할 수 있다. 한마디로 '애매한 사물이나 인간에게 표시된 금단'을 뜻하는 것으로 해석할 수 있다.

(2) 종교의 동물에 대한 견해

동물	부정적	긍정적	부정적 이유
돼지	이슬람 사회	이슬람 사회 이외	종교상의 금기
소	힌두 사회	힌두 사회 이외	종교상의 금기
말	유럽 전역–미국	프랑스–일본 등	종교가 관련된 식습관상의 기피
낙타	이슬람 사회 이외	이슬람 사회	종교상의 금기와 습관
개	동남아시아, 오세아니아 이외	동남아시아, 오세아니아 중앙아프리카	식습관의 기피
닭	인도 대륙, 중앙–남아프리카	기타 사회	은유에 의한 기피 다산다음(多産多淫)
동물 전체	자이나교도, 채식주의자	기타 사회	종교상의 금기, 생활신조에 의한 기피
고래	일본 이외	일본, 북극 원주민	식습관에 의한 기피

(3) 종교의 금기사항(음식금기)

구분	힌두교	불교	그리스도교	이슬람교
역사와 발원지	약 4천 년 전, 인도	기원전 1천 년 중엽 인더스강 유역	기원 후, 약 2천 년 전 예루살렘	약 800년 전, 사우디아라비아
전파지역	인도대륙	전 세계	전 세계	전 세계
신앙적	브라만(Brahman)	붓다(Budda)	예수(Jesus)	알라(Allah) 모하메드 (Mohammed)
신앙적 특징	카스트 제도 (Caste system)	소의 신성화	종파에 따라 금식, 금육을 제정	단식월 행사 (라마단)
금기식품	모든 고기와 술	· 동물의 고기 · 시장에서 만든 기성 음식 · 더러운 음식	종파에 따라 술 금지	죽은 짐승의 고기와 피, 돼지고기, 목 졸려 죽은 고기 금지
식생활의 특징	· 카스트 순위가 높을수록 육식 금지 · 채식주의(Vege-tarian)	채식주의	종파에 따라 채식주의	· 금기식품 이외의 모든 음식 이용 · 단식월 행사 시 낮 동안 물, 흡연, 모든 음식 금지

2) 종교의 기본적인 이해

(1) 그리스도교(기독교)

1세기에 태어난 나사렛 예수를 그리스도(메시아)로 믿는 종교로 불교·이슬람교와 더불어 세계 3대 종교를 이룬다. 원어(原語)는 크리스티아노스(Christianos)라는 그리스어에서 유래하는데, 그 뜻은 '그리스도를 따르는 사람'이다. 그러므로 그리스도교의 기점과 근거는 바로 예수 그리스도로서, 예수를 하느님의 아들이며 이 인류의 구원자로 믿는 것을 신앙의 근본교의로 삼는다. 그리스도교는 역사적으로 변천을 겪는 동안 크게 보아 로마가톨릭교회·동방 정교회(正敎會)·프로테스탄트교회의 세 갈래로 나눠졌으며, 이 밖에도 동방 정교회 내의 몇몇 독립적인 교회들과 프로테스탄트교회 내의 수많은 종파들이 세계 곳곳에 퍼져 있다. 그리스도교 2000년 역사상 가장 파고(波高) 높은 변화는 16세기의 종교개혁에 의하여 일어났다. 종교개혁은 마르틴 루터가 교황 레오 10세의 면죄부(免罪符) 판매에 반기를 들고 1517년에 '95개조의 반박문'을 발표함으로써 불붙기 시작하였다. 그러나 이 개혁운동은 몇 가지 시대적 흐름이 한 곳에서 만남으로써 가능했던 것이다. 그 흐름들은 중세 신비주의 · 회의주의 · 르네상스 · 민족주의 등이었다. 중세 신비주의 운동은, 후기 스콜라신학이 신앙과 이성의 분리를 주장하고 하느님 이행의 이성적 추구의 가능성을 부인하자, 이에 따라 하느님에 대한 이해와 지식을 순수 체험적인 영적 차원에서 얻으려고 한 데서 일어난 것이었다. 에크하르트, J. 타울러, T. 아켐피스 등이 이 운동의 대표자인데, 이들에게 있어 공통적인 것은 신의 내적 체험이었다. 그리하여 이들은 '사람 안에서 탄생하는 신(God being born within)'을 주장하였다. 이 신비주의 운동은 주지주의(主知主義)적인 스콜라 신학에서는 경험할 수 없는 신앙의 생동감과 역동감을 체험할 수 있게 하였다. 중세기 회의주의 운동은 15세기 전반부를 특징짓는 종교운동으로서, 교황청의 분열과 부패를 개혁하려는 움직임이었다. 그 대표적인 사람들은 영국의 위클리프와 보헤미아의 후스였다.

이들은 중세 말기 교회의 타락을 공박하고 교황의 절대성에 항거하여 교황권이나 황제권의 근원은 모두 하느님이기 때문에 그 권한은 각기 자체의 한계 내에서 선용되어야 하며, 교회는 재산을 가져서는 안 되며, 교회진리의 유일한 근거는 성서뿐이라고 주장하였다. 두 사람 모두 처형되고 개혁운동은 실패로 끝났으나, 이들에 의하여 장차 16세기에 이루어질 종교개혁의 기틀이 형성되었다고 할 수 있다.

한편 15세기에 일어난 르네상스는 고전(古典) 연구와 인문주의(人文主義: humanism)로 집약할 수 있는데, 이러한 근대정신이 종교의식에도 크게 영향을 미쳤다. 고전연구는 그리스도교에 있어서 성경에 대한 새로운 이해를 가능하게 하였으며, 인문주의는 인간을 교회의 제도적 권위 아래서 해방시키려는 운동을 싹트게 함으로써 종교개혁을 태동시켰던 것이다. 그러나 종교개혁은 르네상스의 인간중심적인 사상에 근거하는 것은 아니며, 어디까지나 신중심주의(神中心主義)였다. 마지막으로 민족주의는 그때까지 로마교황청에 예속되어 있던 각 민족의 독립의식의 발로에서 형성되었다. 독일은 교황청의 착취를 가장 심하게 당하고 있던 지역의 하나였는데, 정치적으로도 안정되지 않아 곤란을 겪고 있었다. 이러한 독일에서 민족적 자각을 하게 된 것이 종교개혁으로 나타났다고 볼 수 있다. 이 같은 시대적 배경 속에서 루터의 종교개혁은 성공을 이룰 수 있었던 것이다. 루터의 종교개혁의 기본 입장은 다음의 3가지로 요약된다.

첫째, 가톨릭교회의 전승주의(傳乘主義)에 대항하여 그리스도교 진리의 유일한 근거는 성경에 있는 것이지, 교회의 전통적 가르침에 있지 않다는 것을 주장하였다.

둘째, 개인의 구원은 믿음에 의해서만 가능한 것으로, 교회의 성사(聖事)와 같은 외적 행위는 필요하지 않다는 것이다.

셋째, 가톨릭의 사제제도(司祭制度)에 반대하여 모든 신자가 하느님의 사제임을 주장하였다. 이러한 주장 위에서 루터는 종교개혁에 찬성하는 제후(諸侯)들의 보호를 받아 개혁운동을 성공시켰다. 그는 지방 군주적 교회통치체제를 확립하고 1529년에는 제후들의 공동 커뮤니케 '프로테스타티오(Protestatio)'를 발표하여, 프로테스탄트 교회의 사회적 지위를 확립하였다. 루터와 거의 같은 시기에 스위스에서는 H. 츠빙글리가 종교개혁을 일으켜 가톨릭 측과 싸우다가 전사하였다. 그 뒤를 이어 프랑스 태생의 칼뱅의 사상은 루터와 같은 흐름을 이루면서도 루터보다 더욱 철저하여 생활 전체의 성화(聖化)를 주장하였다. 그는 세속적인 직업도 하느님의 소명(召命)으로 보고, 세속생활 속에서 하느님의 섭리를 발견하려는 근세적인 종교관을 구체화하였다. 칼뱅의 개혁운동은 유럽 각지로 전파되어 '개혁파교회'를 형성하여 루터교회와 함께 프로테스탄트의 2대 주류를 이루었다.

한편 영국에서는 특이하게 종교개혁이 국왕 헨리 8세의 이혼문제에서 발단하여 교회를 교황으로부터 분리시키고 국왕이 곧 교회의 지배자가 되는 '수장령(首長令)'이 선포되었다. 그 후 엘리자베스 여왕 때에 이르러 '영국국교회'로 분립되었는데, 한국에서 성공회(聖公會)라 불리는 이 교회는 프로테스탄트 중에서 가톨릭에 가장 가까운 편이다. 유럽 각지에 프로테스탄트운동이 퍼져 나가자 가톨릭에서는 무력(武力)으로 반(反)종교개혁운동을 일으키면서 내부적으로는 교회의 혁신을 시도하였다. 1545년부터 63년에 걸쳐 여러 차례 열린 트리엔트공의회에서는 여러 가지 교의(敎義)가 재검토되고 가톨릭 신학이 재확인되었다. 또 I. 로욜라가 창시한 수도회의 예수회는 가톨릭의 포교를 위해 세계 각지에 선교사를 파견하여 획기적인 전도사업을 폈다. 구약에서는 율법을 듣고 배우게 했고, 신약에 와서는 예수 그리스도가 인간을 구원하기 위해 가장 효과적인 수단으로 교육을 실시했다. 기독교 교육의 3개 기초는 창조된 인간상, 타락된 인간상, 구원된 인간상이다. 기독교 교육의 목적은 하느님께 영광을 돌리며 모든 생활영역에서 하느님을 즐겁게 하는 일을 하는 인간을 형성하는 데 있다. 이런 목적을 지닌 기독교 교육은 성성의 가르침과 관계를 맺고 있으며, 신앙의 기준을 밝히고 있는 교리와도 관계가 깊다. 따라서 기독교 교육은 하느님으로부터 시작되어 하느님을 중심하고 하느님을 나타낼 수 있어야 한다. 기독교 교육은 기독교 공동체에 의하여 인간과 하느님과의 관계, 교회, 교인, 물질세계, 그리고 자아와의 관계에서 생기는 변화에 참여하여 지도하려는 시도라고 할 수 있다. 또한 사람들로 하여금 기독교 신앙과 생활방식을 이해하고 받아들일 수 있도록 교회가 추구해 가는 과정이며, 인간을 참 인간성으로 회복시키려는 하느님의 선교에 자발적으로 참여하도록 돕는 것이다. 목적은 성령을 통하여 모든 사람으로 하여금 예수 그리스도 안에서 계시하는 하느님의 실제와 구원하는 사랑을 경험함으로써 예배와 순종으로 그에게 응답한다. 나아가서는 자신을 알고 우주와 자연 및 자기가 처한 사회와 역사의 의미를 깨달아 성서로 생활하며, 그리스도와 같은 품격으로 성장함으로써 교회의 선교와 연합의 일군이 되어 하느님의 사랑과 정의로 사명을 감당할 수 있는 능력을 기르는 것이다.

음식의 금기사항 ● ● ● ● ●

그리스도교의 금기사항은 그 경전인 성서를 빼놓고 설명할 수 없다. 서양인들은 육식을 매우 즐기는데, 이는 그리스도교의 영향에서 그 원인을 찾을 수 있다. 구약성서의 '창세기'에는 "땅의 모든 짐승, 하늘의 모든 새, 땅에 기어 다니는 모든 것, 바다의 모든 물고기는 두려움에 떨면서 그대들의 지배에 따르고, 모든 살아 움직이는 것은 그대들의 음식물이 될 것이다."라는 구절이 있다. 결국 성서에 따르면, 인간의 가식역(可食域)에 들어가는 피조물은 모두 신이 인간의 식용을 위해서 창조한 것이므로 그리스도교의 영향을 직접적으로 받은 서양인은 무엇을 어떻게 먹어도 좋다는 자유로운 권리를 갖고 있었던 것이다. 그러나 구약성서의 '창세기'가 위에서 모든 피조물은 인간이 먹을 권리가 있다고 나타낸 것과는 달리 '레위기'와 '신명기'에는 육식 터부가 상세하게 기록되어 있다.

성서의 기록에 의하면 일찍이 야훼가 모세와 아론에게 말하기를, "땅에 있는 모든 짐승 가운데 그대들이 먹을 수 있는 동물은 다음과 같다. 짐승 가운데 모두 발굽이 갈라진 것, 즉 발굽이 완전히 갈라진 것, 반추하는 것은 먹을 수가 있다. 단 반추하는 것이나 발굽이 갈라진 것 가운데서 다음의 것은 먹으면 안 된다. 낙타, 이것은 반추하지만 발굽이 갈라져 있지 않으므로 더럽혀진 것이다. 바위너구리, 이것은 반추하지만 발굽이 갈라지지 않았으므로 더럽혀진 것이다. 산토끼, 이것은 반추하지만 발굽이 갈라져 있지 않으므로 더럽혀진 것이다. 돼지, 이것은 발굽이 갈라져 있으나 반추하지 않으므로 더럽혀진 것이다. 그대들은 이러한 것들의 고기를 먹으면 안 된다."라고 되어 있다.(레위기 제11장).

그리스도교는 이 밖에도 사순절 기간 동안 금육하는 금기가 있고, 우리나라에서는 만14세 이상은 대축일이 아닌 모든 금요일과 재의 수요일(사순시기 첫날이 재의 수요일이며 재의 수요일에 머리에 재를 받는 예절이 행해진다.)에 육류를 금하며 부득이 여행, 외식할 때는 면제되나, 사랑과 희생을 봉헌하는 것이 바람직하다는 교리와 만18~60세까지 재의 수요일과 성금요일(예수님이 돌아가신 날. 십자가가 천으로 가려짐, 감실에 불이 꺼짐. 말씀의 전례, 십자가 경배, 영성체로 구성된 예식을 행하고 성사를 집전하지 않는다. 즉 성찬의 전례가 없어서 성체와 성혈을 변화시키는 성변화 예식이 없다. 이는 예수 그리스도께서 돌아가셨기 때문이다. 그래서 전날인 성목요일에 성금요일에 쓸 성체까지 축성하게 된다.)에 한 끼는 완전히 금식한다는 교리가 정해져 있다. 이 밖에도 '레위기'와 '신명기'에는 여러 가지 금기가 자세히 규정되어 있다. 예를 들어 '가축에 다른 종을 교배시켜서는 안 된다', '밭에 두 종류의 씨앗을 뿌려서는 안 된다', '소와 당나귀를 짝지어서 밭을 갈게 하면 안 된다', '양털과 삼의 실을 섞어서 짠 옷을 입어서는 안 된다', '여자가 남자의, 남자가 여자의 옷을 입어서는 안 된다', '새끼 염소를 그 어미의 젖과 함께 삶아서는 안 된다' 등이 있다.

(2) 이슬람교

7세기 초 아라비아의 예언자 마호메트가 완성시킨 종교로서 그리스도교, 불교와 함께 세계 3대 종교의 하나이다. 전지전능(全知全能)의 신 알라의 가르침이 대천사(大天使) 가브리엘을 통하여 마호메트에게 계시되었으며, 유대교, 그리스도교 등 유대계의 여러 종교를 완성시킨 유일신 종교임을 자처한다. 유럽에서는 창시자의 이름을 따서 마호메트교라고 하며, 중국에서는 위구르족(回紇族)을 통하여 전래되었으므로 회회교(回回敎) 또는 청진교(淸眞敎)라고 한다. 한국에서는 이슬람교 또는 회교(回敎)로 불린다.

① 이슬람의 문화

오랜 세월에 걸쳐 이슬람은 다양한 문화, 언어, 역사, 종족에 의해 지구상 거의 모든 지역으로 확산되어 왔다. 그래서 무슬림 안에는 매우 다양한 민족과 문화적 유산들이 존재한다. 각 종족마다 그들만의 고유한 특성이 있으나 무슬림들은 모두 공통의 신조와 믿음의 강령들을 따른다. 어떤 무슬림은 아주 헌신적이며 코란에 대해서 많이 알고 있는 반면에, 매일 드리는 기도와 전통의식 외에는 아무것도 모르는 무슬림도 있다. 무슬림들이 가장 중요하게 여기는 것 중 하나는 '가족(Family)'이다. 모든 이슬람 세계를 통틀어 무슬림들은 가족 중심으로 가깝게 결속된 사람들이다. 가족들과 함께하기를 좋아하고 항상 함께할 기회를 찾는다. 이러한 결속감은 자기 직계가족뿐 아니라 다른 무슬림들은 소풍이나 외출을 위해 정기적으로 함께 모이는 경우가 자주 있다. 무슬림은 거의 예외 없이 개인의 필요보다 가족의 필요를 우선순위로 둔다. 무슬림 친구를 만날 때면 상대방 가족 사람의 건강과 안부를 묻는 것이 중요하기 때문에 길면서도 열정적인 인사가 이루어지게 마련이다.

코란과 성경에 대해 항상 예를 표해야 하며 이것들을 바닥에 버려둔다든지 다른 책의 밑에 두어서는 안 된다. 무슬림은 코란에 대하여 항상 경건한 마음을 갖고 대해야 하며, 옷감으로 감싸 보관해야 한다. 그리고 코란을 열기 전 반드시 종교적인 예로 손을 씻어야 한다. 다른 사람의 집, 그 물건들에 대하여 감탄하지 말며, 그 자녀들에 대해서도 감탄해서는 안 된다. 어떤 문화 속에서는 이러한 것을 악한 영의 욕심과 동일시하고 있다. 만약 무슬림을 초대해 즐겁게 해준다면, 그들에게 절대로 돼지고기 혹은 술을 권해서는 안 된다. 근본주의 무슬림들은 오직 알라(Allah)의 이름으로 거룩하게 잡은 고기만 먹기도 한다. 무슬림이 초대했다면 당신이 그리스도인으로 그들의 음식을 거절할 아무런 근거는 없다. 그리스도인은 바울의 고린도전서 8장에서 언급한 우상에게 드린 제물과는 다른 것이다.

전 세계 무슬림의 대부분이 공유하고 있는 이러한 문화에 대한 이해는 우리의 무슬림 이웃을 더 잘 이해하고 알 수 있도록 도와준다. 이러한 무슬림의 덕목들은 문화적인 '장벽'이 아니다. 오히려 우리가 그들의 겉모습 뒤에 감춰진 마음을 볼 수 있도록, 그리하여 무슬림과 오랜 친구가 되어 우리 자신의 믿음에 관하여 자연스럽게 나눌 수 있도록 하는 '매개체' 로 보아야 할 것이다.

죽은 고기와 피와 돼지고기를 먹지 말라. 또한 하나님 이름으로 도살되지 아니한 고기도 먹지 말라. 그러나 고의가 아니고 어쩔 수 없이 먹을 경우는 죄악이 아니라 했거늘 하나님은 진실로 관용과 자비로 충만하심이라(성 꾸란2:173).

돼지고기는 오직 무슬림들에게만 금지되어 있는가?

유대인과 기독교인들 역시 돼지고기를 먹지 말도록 금지되어 있다. 여기 그 결과에 대해 구약에서 한 인용문을 들어보자:

그리고 돼지는 발굽이 쪼개져 있고, 되새김질을 하지 않아, 너희에게 깨끗하지 않느니라. 돼지의 살을 먹지도 말 것이며, 그 죽은 고기는 만지지도 말라(신명기 어떤 기독교인들은 St. Peter의 시계 이후 하나님이 모든 동물을 깨끗이 하셨으며, 그것들을 인간의 소비에 적절하고 합법적인 것으로 하셨다고 말하기도 한다. 비록 모든 동물들이 Peter의 시계로 깨끗해졌으며, 이것은 개, 고양이, 독수리, 쥐를 포함한다고 하나, 사람들이 돼지 바비큐나 베이컨을 많이 먹는 것처럼 고양이 고기 샌드위치를 즐겨 먹는 것은 찾아볼 수 없다.

극동 아시아에서의 많은 전통들 또한 돼지고기를 먹지 않도록 교육한다. 3000년 전의 공장의 관례에 대한 저서에서 신사는 돼지와 개고기를 먹지 않는다고 말하고 있다. 비록 오늘날 중국인들의 많은 수가 돼지고기의 열렬한 팬이라 할지라도 고대 중국의 의사들은 돼지고기를 먹는 것이 인간에게 많은 질병의 주된 원인이라는 것을 인식했다. 불교도와(인도와 그 주변) 자이나교인들 그리고 힌두스탄인들은 고기라면 어떤 것이든지 먹는 것을 피하고 있다.

동물에게 친절해라

모든 피조물들은 하나님에 의해서 각기 목적을 지닌 채 창조되었다. 선지자는 항상 동물들에게 친절해야 한다고 강조하셨다. 우리가 비록 돼지고기를 먹지 않아야 한다 할지라도, 이것이 돼지 자체를 미워해야 한다는 것을 의미하는 것은 아니다. 우리는 다른 동물들에게 친절한 만큼 돼지에게도 친절해야 하며 돼지를 고문하거나 학대해서는 안 된다. 돼지는 동물 지능을 측정하도록 고안된 실험에서 높은 지능수치를 보여준다. 다시 말해, 돼지는 매우 영리하다는 뜻이다. 오물 안에 있었던 돼지의 고기맛이 더 좋다고 유럽인들은 믿어왔지만, 이것이 돼지의 자연적 성질은 아니다. 돼지를 그 자체로 그냥 두었을 때 돼지가 잠잘 곳을 위해 땅을 파는 것을 좋아하지는 않는다. 돼지가 진흙탕 속에서 뒹굴기를 좋아한다는 습성에 대해서는 그것이 주로 돼지 몸을 시원하게 해주기 때문이다.

② 음식의 금기사항

이슬람교를 믿는 민족은 어느 민족이든지 돼지고기를 절대로 먹지 않는다는 점에서 공통적이다. 이슬람 율법과 구약성서에서 "저절로 죽은 동물의 피, 돼지고기, 소와 양의 기름, 날개를 가지고 있으면서 네 발로 기어다니는 짐승, 갈고리 발톱을 가지고 있으면서 동족(同族)을 잡아먹는 날짐승, 그리고 날개도 비늘도 없는 수중 생물 등을 먹어서는 안 된다."고 명확히 규정되어 있다. 또한 여기에는 사람과 가깝게 지내는 가축은 사역(使役)시켜서도 안 되며, 내쫓아서도 안 되고 식용으로 먹어서는 더더욱 안 된다고 명시(明時)되어 있다. 아울러 남자는 먹어도 좋으나 여자는 절대 먹어서는 안 된다고 규정한 야크 고기도 있다. 그러나 코란 경전에는 죽은 동물의 피, 돼지고기와 알라의 이름으로 잡지 않은 가축 그리고 날짐승은 먹어서는 안 된다고 명문화되어 있으나, 단서조항이 한 구절 첨부되어 있다. 즉 기아상태에 놓였을 때나 모반(謀反)에 가담하여 고역을 치를 때, 월군 행위로 죄를 지어 부득이한 상황에 처해 있을 때는 금기식품을 먹어도 죄가 되지 않는다는 것이다. 바로 이 단서조항 때문에 이슬람교를 믿는 민족은 각각 금식과 식생활의 방법이 다르다. 또한 코란 경전에는 "술은 이로움보다 해로움이 더 많고, 술을 마시고 예배하는 것은 마귀 행위의 죄악이다. 즉 술은 마시는 것 자체가 알라에 대한 불경(不敬)이다."라고 명문화되어 대부분의 이슬람교도들은 술을 마시지 않는다.

이슬람교에서 돼지고기가 금기시된 것은 BC 1400년 이후의 일이다 그전에 고대 오리엔트에서는 돼지고기를 먹었다. 돼지고기에는 비타민 B_1이 풍부하고 지방질도 쉽게 소화되는데다가 매우 효율이 좋은 동물이다. 그럼에도 불구하고 무하마드는 돼지고기를 금기식품으로 규정해 버렸다. 그 이유는 무엇일까? 돼지는 땀샘을 갖지 않은 동물이다. 때문에 오리엔트와 같이 태양이 강하고 건조한 사막지대에서는 자기냉각장치를 갖고 있지 못한 돼지는 섭씨 30도 이상으로 체온이 올라가면 열사병에 걸리게 된다. 말하자면 체온을 내리기 위해서는 반드시 물로 목욕해야만 하는데, 사막에서는 물이 목숨만큼 귀중하다.

본래 돼지는 삼림동물이던 멧돼지를 가축화한 것으로 이를 중동에서 기르려면 인공적인 나무그늘이나 물웅덩이를 만들어주어야 한다. 이것은 현실적으로 불가능하다. 돼지는 또한 잡식성 동물이어서 곡물이나 고구마와 콩류를 먹여야만 한다. 바로 이것 때문에 인간이 먹는 식료품과 대치된다. 더구나 오리엔트의 셈족은 본래 목축민이어서 목초를 칼로리로 전환하여 대형 가축을 사육하며 생활하여 왔다 자연히 유목생활을 해야만 했고, 끊임없이 이동하지 않으면 안 되는데, 사막을 이리저리 떠돌아다니는 강행군을 돼지가 견뎌내기란 매우 어렵다. 즉, 돼지는 정착생활을 영위하는 농경민의 가축이지 사막을 옮겨 다니는 유목민의 가축은 아니었던 것이다. 결국 중동에는 돼지보다는 소, 양, 염소를 선호하는 경향이 이슬람교가 탄생하기 훨씬 이전부터 존재했다. 그 선택의 기반에는 고온 건조한 기후로 인한 우유, 고기, 견인력, 그 밖의 노동력이나 산물의 공급원으로서 반추동물이 다른 동물에 비해 비용과 이익 면에서 유리하다는 판단이 작용했다. 그것은 또한 의심할 여지없이 올바른 생태적, 경제적 결정을 뜻하며 그 결정은 수천 년 동안 내려온 사람들의 지혜와 경험이 구체화된 것이다.

(3) 불교

불교라는 말은 부처(석가모니)가 설한 교법이라는 뜻과(이런 의미에서 釋敎라고도 한다) 부처가 되기 위한 교법이라는 뜻이 포함된다. 佛(불타)이란 각성(覺性)한 사람, 즉 각자(覺者)라는 산스크리트 팔리어(語)의 보통명사로, 고대 인도에서 널리 쓰이던 말인데 뒤에는 특히 석가를 가리키는 말이 되었다. 불교는 석가 생전에 이미 교단(敎團)이 조직되어 포교가 시작되었으나 이것이 발전하게 된 것은 그가 죽은 후이며 기원 전후에 인도, 스리랑카 등지로 전파되었고, 한국에서 일본으로 교권(敎圈)이 확대되어 세계적 종교로서 자리를 굳혔다. 그러나 14세기 이후로는 이슬람교에 밀려 점차 교권을 잠식당하고 오늘날 발상지인 인도에서는 세력이 약화되었으나, 스리랑카, 미얀마, 타이, 캄보디아, 티베트에서 몽골에 걸친 지역과 한국을 중심으로 한 동아시아 지역에 많은 신자가 있으며 그리스도교, 이슬람교와 함께 세계 3대 종교의 하나이다. 다른 여러 종교와 비교하여 불교가 지니는 중요한 특징은 다음과 같다.

❶ 신(神)을 내세우지 않는다. 불타가 후에 이상화(理想化)되고 확대되어 절대(絶對) 무한(無限) 및 그 밖의 성격이 부여되고, 각성과 구제의 근거가 되고 있으나 창조자, 정복자와 같은 자세는 취하지 않는다.

❷ 지혜(智慧)와 자비(慈悲)로 대표된다.

❸ 자비는 무한이며 무상(無償)의 애정이라 할 수 있어 증오(憎惡)나 원한을 전혀 가지지 않는다. 그런 까닭에 일반적으로 광신(狂信)을 배척하고 관용(寬容)인 동시에 일체의 평등을 관철하고자 한다.

❹ 지혜의 내용은 여러 가지로 발전하는데 일체를 종(縱)으로 절단하는 시간적 원리인 무상(無常)과, 일체를 횡(橫)으로 연결하는 공간적 원리인 연기(緣起)가 중심에 있어, 이것은 후에 공(空)으로 표현된다.

❺ 현실을 직시(直視)하는 경향이 강하다.

❻ 모든 일에 집착과 구애를 갖지 않는 실천만이 강조되고 있다.

❼ 조용하고 편안하며 흔들리지 않는 각성(覺性)을 이상의 경지(境地)로 이를 열반(涅槃)이라 한다. 그 교의(敎義)는 석가의 정각(正覺)에 기초를 둔다. 그러나

8만 4,000의 법문(法問)이라 일컫듯이 오랜 역사 동안에 교의의 내용은 여러 형태로 갈라져 매우 복잡한 다양성을 띠게 되었다. 불(佛)도 본래는 석가 자체를 가리켰으나 그의 입적(入寂) 후 불신(佛身)에 대한 논의가 일어나 2신(身), 3신 등의 논, 또는 과거불·미래불, 또는 타방세계(他方世界)의 불, 보살(菩薩) 등의 설이 나와 다신교적(多神敎的)으로 되었다.

① 음식의 금기사항

불교의 터부라면 대부분의 사람들이 금육(禁肉)을 떠올리게 된다. 그러나 일본 최초의 불교 설화집인 〈일본영이기(日本靈異記)〉를 보면 중생을 구제하기 위해 불법을 수행하는 사람은 생선이나 수육을 먹어도 아무런 죄가 되지 않는다고 쓰여 있다. 또 석가마저도 자신을 위해서 눈앞에서 살해된 것이 아니라면, 한평생 육식을 중지하지 않았다고 한다. 이에 관련된 일화 한 편을 살펴보자.

고령이 된 붓다가 고향으로 돌아가기 위해 여행하던 어느 날 저녁식사에 초대를 받았다. 그곳에서는 정중한 예우의 표시로 멧돼지의 고기를 부드럽게 찐 '스카라 맛다바'라는 음식을 접대했는데, 이것을 먹은 석가가 급성중독 증상을 일으켜 열반에 들었다고 한다. 이런 예들을 보면 불교는 그다지 금육을 엄격하게 적용한 것 같지는 않다. 특히 소승불교는 대승불교와는 달리 육식의 행위는 아무런 죄도 악도 되지 않는다고 여겼다. 불교를 국가종교로 삼고 있는 티베트, 스리랑카, 미얀마, 태국의 승려도 유제품은 물론이고 고기도 즐겨 먹었으며, 미얀마, 태국, 캄보디아의 불교도는 돼지고기, 쇠고기, 물소고기, 닭고기, 오리, 누에, 뱀, 개구리까지 먹었다. 다만 소승불교에는 한 가지 터부가 존재했다. 자기가 죽이거나 자신을 위해 죽은 짐승, 또 죽음의 현장을 목격한 짐승의 고기만은 부정하다고 해서 먹지 않았던 것이다. 또 태국이나 미얀마에서는 덕이 있는 사람으로 인정받으려면 달걀을 깨서는 안 된다는 터부가 있었다. 자신이 깨는 행위는 물론이고 비록 타인이라 할지라도 자신의 눈앞에서 깨는 행위까지 금기시했다. 이러한 예들을 보면 예전의 불교는 육식을 엄격하게 금하지 않았지만 이에 비해 지금의 불교는 육식을 전혀 입에 대지 않으며, 채식 위주의 식단을 지키고 있다.

"모름지기 승려는 풀뿌리와 나무껍질로 주린 배를 위로하라."는 원효대사의 글귀에는 인간의 오욕(五欲)을 떨쳐버리고 기름지지 않으며 맛보다는 생명을 유지하기 위한 소찬(素饌)을 권하는 의미가 내포되어 있다. 그렇다면 불교에서 허용하는 승려의 음식 즉 사찰음식이란 어떠한 것인가를 정의 내려보자. 사찰음식이란 '오신채(五辛菜) : 마늘, 파, 달래, 부추, 홍거'와 산 짐승을 뺀 산채, 들채, 나무뿌리, 나무열매, 나무껍질, 해초류, 곡류만을 가지고 음식을 만들되 음식의 조리방법이 간단하여 주재료의 맛과 향을 살리도록 양념을 제한하고 인위적 조미료를 넣지 않는 음식이다. 이렇듯 우리나라의 불교는 육식을 철저히 금하고 간소한 음식만을 먹고 있다.

(4) 힌두교

힌두교를 숭배하는 지역에 가보면 길거리가 온통 소들의 무리로 가득차 있다. 사람들은 굶어 죽어도 소는 융숭한 대접을 받는 것이다. 이처럼 힌두교에서는 소가 신성한 동물로 숭배되고, 그 고기가 금식으로 규정되어 있다. 인도는 케라라주(州)와 서뱅갈주(州)를 제외한 모든 주에서 소의 도살과 식용을 금지한 보호법이 제정되어 있다. 이 때문에 인도에는 세계에서 가장 많은 2억 마리에 가까운 소가 있으며 그중 1/4가량은 늙고 쓸모없는 소들이다.

"암소를 먹이고 돌보면 다음에 올 21세대가 열반을 얻는다."
"당신은 어머니가 늙었다고 해서 도살장에 보내겠습니까?"

이러한 말들은 인도인들의 소에 대한 숭배사상을 단적으로 드러내준다. 이들은 헤어진 사랑하는 사람의 영혼을 구원하기 위해 힌두교 사원에서 암소 떼를 먹이는데 필요한 돈을 기부하기도 한다. 그러면 왜 힌두교인들은 쇠고기를 금기시하는가? 힌두교의 역사를 거슬러 올라가면, 소 보호가 늘 힌두교의 중심원리는 아니었다. BC

2000년경 인도에 침입해 온 아리아인은 본래가 유목민이었다. 짐작컨대 이들은 이 집트나 중근동의 황소 숭배의 전통을 물려받았던 모양으로 황소를 힘의 상징으로 간주하고 베다의 신들, 특히 '인도라'에게 공양하고 있었다. 최초의 힌두교 경전인 '리그 베다'는 쇠고기를 배척하지도, 암소를 보호하지도 않았다. 오히려 베다 시대 브라만 계급의 주요 의무는 소의 보호가 아니라 소를 도살하는 것이었다. 그러나 인 도의 인구가 차츰 늘어나면서 기존의 삼림이나 초원이 개간되자 목초지의 풀을 뜯 어먹고 살던 소가 점차 한계지대로 쫓겨 들어갔고 수가 현저히 줄어 가격이 상승하 게 되었다. 따라서 사람들은 소를 먹기보다는 곡물을 먹는 것이 효율적이라고 판단 했다. 또 소의 숫자가 줄어들면 딱딱한 토양을 갈 수 없었고, 암소는 농경에 필요한 황소를 낳아주며 고기보다 효율이 좋은 우유를 생산해 주고, 아울러 무분별한 벌채 로 인해 나무땔감이 부족한 때에 소똥은 중요한 땔감이 되었기 때문에 소를 방임 사 육하기에 이르렀다. 게다가 소의 오줌과 똥에는 다섯 가지의 신성한 정화작용이 있 다고 믿게 되어서 그 신성한 소를 잡아먹는다는 것은 말도 안 된다고 하는 금기가 확 립된 것이다. 그러면 왜 하필 소가 힌두교의 상징이 되었을까? 바로 다른 동물은 인 간을 위해 기대하는 만큼의 봉사를 할 수 없기 때문이다. 쟁기를 끌려면 덩치가 크 고 힘이 센 가축이 필요했고, 낙타와 말 등은 소에 비해 신체구조나 먹이에서 단점 이 많았기 때문에 당연히 소가 숭배의 대상이 되었던 것이다. 간디는 "소는 우유를 제공해 줄 뿐만 아니라 인도의 토양과 기후에 맞는, 가장 싸게 먹히고 효율이 좋은 견인 동물의 어머니이다. 이것에 조금이라도 덧붙일 것이 있다면 다음과 같은 사실 뿐이다. 에너지 비용의 상승이나 심각한 신분 격차를 초래했던 쇠고기를 먹는 관습 이 또다시 부상하는 것을 막아주는 힌두교에 대한 보답으로, 소는 대지가 인간의 생 명으로 가득차 넘치는 것을 가능하게 해준 것이다."라고 말함으로써 인도인들의 소 숭배를 잘 나타내주고 있다.

(5) 유대교

① 안식일 준수

성경에 나오는 안식일은 금요일 해질 때부터 토요일 해질 때까지 지킨다. 이들이 안식일을 얼마나 철저히 지키는지 "유대인들이 안식일을 지킨 것이 아니라 안식일이 유대인을 지켰다"라는 말이 있을 정도이다. 이들은 안식일을 철저히 지키기 위해 온갖 법을 만들었다. 즉, 안식일이 너무나 거룩한 법이기 때문에 그 거룩한 법을 거룩히 지키기 위해 그 법 주위에 인간이 감히 범하지 못하도록 울타리(각종 금기조항)를 만든 것이다. 예를 들어 안식일에 풀밭에 침을 뱉어서는 안 된다. 풀에 물을 주는 행위가 되기 때문이다. 옷에 손수건을 넣어 가지고 다녀서도 안 된다. 짐을 나르는 행위가 되기 때문이다. 그래서 이들은 옷에 손수건을 꿰매어 다녔다. 그러면 손수건이 옷의 일부가 되기 때문이다. 안식일에는 촛불을 켜거나 끄지 못한다. 그래서 반드시 안식일이 되기 전에 촛불을 켜고 그 촛불은 안식일 저녁(금요일 저녁) 잠들기 전까지만 켜져 있도록 조정해야 한다. 이들은 다음 성경구절을 생명처럼 여기고 있다.

너희는 엿새 동안 모든 일을 힘써 하여라. 그러나 이렛날은 주 너희 하나님의 안식일이니, 너희는 어떤 일도 해서는 안 된다. 너희와 너희의 아들이나 딸이나, 너희의 남종이나 여종만이 아니라, 너희 집짐승이나, 너희의 집에 머무르는 나그네라도 일을 해서는 안 된다(출 20:9-10).

너는 이스라엘 자손에게 고하여 이르기를 너희는 나의 안식일을 지키라. 이는 나와 너희 사이에 너희 대대의 표징이니 나는 너희를 거룩하게 하는 여호와인 줄 너희로 알게 함이라(출 31:13).

또 나는 그들을 거룩하게 하는 여호와인 줄 알게 하려 하여 내가 내 안식일을 주어 그들과 나 사이에 표징을 삼았었노라(겔 20:12).

또 나의 안식일을 거룩하게 할지어다. 이것이 나와 너희 사이에 표징이 되어 너희로 내가 여호와 너희 하나님인 줄 알게 하리라 하였었노라(겔 20:20).

② 음식의 금기사항

〈성서〉의 기록에 의하면 일찍이 야훼가 모세와 아론에게 말하기를, '정한 동물과 부정한 동물'에 대해 주께서 모세와 아론에게 말씀하셨다.

너희는 이스라엘 자손에게 다음과 같이 일러라. 땅에서 사는 모든 짐승 가운데서, 너희가 먹을 수 있는 동물은 다음과 같다. 짐승 가운데서 굽이 갈라진 쪽발이면서 새김질도 하는 짐승은 모두 너희가 먹을 수 있다. 새김질을 하거나 굽이 두 쪽으로 갈라졌더라도 다음과 같은 것은 너희가 먹지 못한다. 낙타는 새김질은 하지만, 굽이 갈라지지 않았으므로 너희에게는 부정한 것이다. 오소리도 새김질은 하지만, 굽이 갈라지지 않았으므로 너희에게는 부정한 것이다. 토끼도 새김질은 하지만, 굽이 갈라지지 않았으므로 너희에게는 부정한 것이다. 돼지는 굽이 두 쪽으로 갈라진 쪽발이기는 하지만, 새김질을 하지 않으므로 너희에게는 부정한 것이다. 너희는 이런 짐승의 고기는 먹지 말고, 그것들의 주검도 만지지 마라. 이것들은 너희에게는 부정한 것이다. 물에서 사는 모든 것 가운데서 지느러미가 있고 비늘이 있는 물고기는 바다에서 사는 것이든지 강에서 사는 것이든지 무엇이든지 너희가 먹을 수 있다. 그러나 물속에서 우글거리는 고기 떼나 물속에서 살고 있는 모든 동물 가운데서 지느러미가 없고 비늘이 없는 것은 바다에서 살든지 강에서 살든지 모두 너희가 피해야 한다. 이런 것은 너희가 피해야 할 것이므로, 너희는 그 고기를 먹어서는 안 된다. 너희는 그것들의 주검도 피해야만 한다. 물에서 사는 것 가운데서 지느러미가 없고 비늘이 없는 것은 모두 너희가 피해야 한다. 새 가운데서 너희가 피해야 할 것은 다음과 같다. 곧 너희가 먹지 않고 피해야 할 것은, 독수리와 수염수리와 물수리와 검은 소리개와 각종 붉은 소리개와 각종 모든 까마귀와 타조와 올빼미와 갈매기와 각종 매와 부엉이와 가마우지와 따기와 백조와 펠리컨과 흰물오리와 고니와 각종 푸른 해오라기와 오디새와 박쥐이다. 네 발로 걷는 날개 달린 벌레는, 모두 너희가 피해야 할 것이다. 그러나 네 발로 걷는 날개 달린 곤충 가운데서도 발과 다리가 있어서, 땅 위에서 뛸 수 있는 것은 모두 너희가 먹어도 된다. 너희가 먹을 수 있는 것은 여러 가지 메뚜기와 방아깨비와 누리와 귀뚜라미 같은 것이다. 이 밖에 네 발로 걷는 날개 달린 벌레는 모두 너희가 피해야 할 것이다.

이런 것들이 너희를 부정 타게 한다. 그런 것들의 주검을 만지는 사람은 누구나 저녁때까지 부정하다. 그 주검을 옮기는 사람은 누구나 자기 옷을 빨아야 한다. 그는 저녁때까지 부정하다. 땅에 기어 다니는 길짐승 가운데서 너희에게 부정한 것은 족제비와 쥐와 각종 큰 도마뱀과 수종과 육지악어와 도마뱀과 모래도마뱀과 카멜레온이다. 모든 길짐승 가운데서 이런 것들은 너희에게 부정한 것이다. 이것들이 죽었을 때에, 그것들을 만지는 사람은 누구나 저녁때까지 부정하다.

위에서 언급한 것은, 짐승과 새와 물속에서 우글거리는 모든 고기 떼와 땅에 기어 다니는 모든 것에 관한 규례다. 이것은 부정한 것과 정한 것을 구별하고, 먹을 수 있는 동물과 먹을 수 없는 동물을 구별하려고 만든 규례다(레위기 11장).

위의 내용을 간단히 요약하면 다음과 같다

- 허식(許食)의 짐승 : 소, 양, 염소, 수사슴, 영양, 새끼사슴, 산토끼, 큰 사슴, 들염소
- 금식(禁食)의 생선 : 지느러미와 비늘이 없는 것 전부
- 금식의 새 : 독수리, 수염독수리, 물수리, 소리개, 매류, 까마귀류, 타조, 쏙독새, 갈매기, 올빼미, 백조류, 자색 쇠물닭, 수리부엉이, 가마우지, 펠리칸, 대형 독수리, 황새, 후티티, 박쥐
- 허식의 벌레 : 날개와 네 개의 다리와 도약의 다리가 있고, 지상을 기는 것 중 이주메뚜기, 편력 메뚜기, 큰 메뚜기, 작은 메뚜기
- 금식의 작은 동물 : 두더지, 시궁쥐, 가시꼬리 도마뱀류, 카멜레온

더구나 허락된 짐승과 새들도 도살자격이 있는 사람에 의하여 지시된 방법으로 도살되어야 한다. 이들은 심한 질병의 흔적이 없어야 하며, 그들에게서 피를 뽑아야 하는데, 그것은 첫째 도살과정에 이루어지거나, 둘째는 요리하기 전 고기를 물에 담그거나 소금을 침으로써 이루어져야 한다. 또한, 고기나 고기제품은 우유나 우유제품과 함께 요리하거나 먹어서는 안 된다. 한 종류의 집기와 접시는 다른 부류와 섞

여서는 안 된다. 나아가 고기를 먹을 때와 우유를 먹을 때 사이에는 일정한 기간이 지나야 한다. 의식 기준에 의하여 먹을 수 있는 것은 모두 '코셔'(kosher : 정결한 음식)라고 하는데, 이것의 원의는 '맞는' 또는 '적합한'의 뜻이다. 금지된 것은 '터레이파'(terefah : 부적합한 음식)라 일컬어지는데, 이 단위의 원래 뜻은 짐승이나 맹금의 먹이여서 음식으로서는 먹을 수 없는 생물을 의미했으나, 후에 그 뜻이 확대되어 모든 부적합한 음식을 가리키게 되었다.

5. 음식문화와 음식재료의 이해

1) 음식문화의 근원을 이룬 향기와 맛

(1) 소금

소금은 인간, 아니 모든 동물의 체액에 존재하여 삼투압 유지로 생명유지에 필수불가결하다. 인체는 0.7%의 식염(NaCl)을 포함하고 있는데 이것이 땀과 소변으로 배출되므로 성인이 하루 평균 10~15g의 소금을 섭취하지 않으면 탈수증으로 죽는다. 지구상의 생물은 자신의 모체인 바다에서 탄생했다. 원시시대 유목민은 육식동물을 잡아먹음으로써 그 동물의 체내에 있는 염분을 섭취할 수 있었으나 농경생활이 시작되어 농작물을 양식으로 하게 되자 생리적 요구를 충족할 만큼 소금 섭취가 어려워졌다.

소금이 산출되는 해안이나 호수, 암염이 있는 장소는 교역의 중심이 되었다. 독일의 할슈타트(Hallstatt)의 Halle, 영국의 드로이트위치(Droitwich)나 낸트위치(Nantwich)의 wich, 미국의 솔트 레이크 시티(Salt Lake City)와 오스트리아의 잘츠부르크(Salzburg)의 salt라는 말은 소금을 만드는 집(소금물을 끓이는 집)이라는 뜻이다. 이들 이름이 있는 지역은 소금을 만들거나 소금을 교역하는 지역임을 알 수 있다. 소금은 음식물의 부패를 방지하고, 인간의 생명과 건강을 유지시키는 힘을 가지고 있어, 청정(淸淨)의 상징으로 신성시한다. 그리스도의 산상설교에서 정의와 진리를 위해 박해받는 사람을 "땅의 소금"으로 불렀다. 로마의 티베르강 하류의 오스티아에 제염소가 있어 소금을 로마로 운반하던 이 길을 로마인들은 소금길(비아 살라리아)로 부른다. 해상도시 베네치아도 해안에서 산출되는 소금을 비잔틴제국과 동방제국에 판매해 동방의 산물을 유럽에 팔아 번성하였다.

봉급(샐러리 Salary)은 소금이 교역의 매개로 화폐의 역할을 하므로 관리와 군인들의 급료는 '살라리움(Salarium, 소금의 라틴어)'으로 지급되었다.

소금이 부족한 지역에서는 정부가 소금을 전매(專賣)하거나 소금에 세금을 부과하기도 했다. 1930년 영국이 제염금지령(製鹽禁止令)을 내리고 인도인에게 영국의 소금을 구입하도록 강제조처를 했다. 이에 대항해 간디는 해안까지 360km나 되는 길을 직접 소금을 만드는 일에 나서게 됨으로써 무저항운동을 시작했다. 이 여행 도중 많은 민중이 참가하게 되고, 이들은 단디 해안에 도착하자마자 가마솥에 소금물을 넣고 끓이기 시작했다. 이 "소금행진"은 침체한 인도 민중의 눈을 뜨게 한다.

소금은 주로 식용이나 식육 저장용 외에도 공업용으로 확산되었다. 염료, 화약, 합성고무, 비누, 각종 화공약품 등의 화학공업, 피혁공업(가죽 무두질), 요업(자기, 도기 등의 유약), 광업(은, 구리 등의 제련), 제동(製銅 : 구리의 담금질,) 특히 소다 공업의 각종 제품은 화학공업의 기초로 소금을 전기분해하여 가성소다와 염소를 만들고 소금에 암모니아와 탄산가스를 불어넣어 소다석회와 화학비료인 유안(硫安)을 만든다. 의식주 생활에 불가결한 화학섬유, 유리, 비누, 세제, 염화비닐, 기타 석유 화학 제품과 글루타민산 소다 등의 조미료는 모두 소금을 원료로 한 소다와 염소를 사용해서 만든 것이다.

(2) 설탕

설탕은 식물의 수액, 과일, 꽃, 씨앗, 뿌리, 잎 등 모든 곳에 함유되어 있다. 인류가 식물에서 설탕을 추출해 내는 방법을 알지 못했을 때, 꿀벌이 식물에 함유되어 있는 설탕을 흡수해 모아주었다. 감자당(甘蔗糖), 첨채당(甛菜糖; 사탕무당), 야자당(椰子糖), 단풍나무당, 옥수수당 등이 있다. 이 중 사탕나무로 만드는 감자당과 사탕무(Beet)로 만드는 첨채당의 생산량이 압도적으로 많고, 역사적으로도 중요한 역할을 해왔다. 사탕수수는 BC 2000년경 인도 뱅갈 지방에서 지중해 각국, 동남아시아, 중국, 페르시아, 북아프리카, 스페인으로 다시 1492년 콜럼버스에 의해 기후가 온화하고 강우량이 풍부한 카리브해에서 대량으로 재배했다. 스페인 사람들의 가혹한

통치로 인디오가 전멸하면서 이로 인한 설탕 생산의 차질은, 아프리카의 노예사냥과 노예무역이 시작되어 설탕(백색화물)과 노예(흑색화물)의 교역량이 급증했다. 유럽에서는 17세기 무렵부터 홍차, 커피, 초콜릿 음료가 유행하고, 설탕의 수요도 급증해 설탕 생산은 카리브해 전역으로 확대되었다.

영국은 엘리자베스 여왕시대에 여왕의 지원을 받은 드레이크 같은 해적이 멕시코에서 스페인으로 향하는 "은선단(銀船團)"을 습격한다. 1588년 영국은 스페인의 무적함대를 격파해 카리브해와 대서양의 제해권을 장악하면서, 영국은 스페인을 대신해 카리브해로 침입해 설탕 생산과 노예무역을 주도해 홍차를 마시는 풍습의 성행으로 설탕은 영국 최대의 수입품이 되었다. 자메이카를 중심으로 하는 영국의 설탕 농장은 연간 35%에 이르는 높은 이윤으로 부를 축적하였고, 총, 화약, 술 등을 가득 실은 영국선박은 리버풀을 출항하여 서아프리카로 갔고, 대량의 흑인노예를 서인도제도로 실어 날랐다. 그곳에서는 설탕을 싣고 리버풀로 돌아오는데, 이런 백색과 흑색의 삼각무역은 19세기 중엽까지 계속되었는데, 이것이 산업혁명에 필요한 자본이 되었고, 영국 근대 국가의 기틀이 되었다. 1806년 나폴레옹은 영국을 경제적으로 압박하려고 대륙봉쇄령(베를린 칙령)을 선포하면서, 서인도산 감자당 수입이 중지되고, 유럽은 설탕 부족과 가격폭등으로 고통 받다가, 1801년 독일의 화학자가 사탕무 뿌리에서 설탕 추출에 성공한다. 1890년경 함당률(含糖率)이 14%로 감자당과 대등해지면서 러시아를 포함한 유럽은 전 세계 설탕의 1/3의 양을 생산하였다.

세계적인 설탕국인 쿠바는 1890년대에 생산량의 3/4을 미국으로 수출했고, 일상용품의 대부분은 미국으로부터 수입했다. 그러자 미국의 설탕자본가들은 쿠바에 대한 간섭을 정부에 요구했다. 1898년 4월, 미국 전함 메인호가 하바나항에서 격침되는 사건이 발생했는데, 미국 정부는 스페인의 소행으로 보고 전쟁을 일으켰다. 필리핀, 푸에르토리코, 괌섬 등을 영유하게 되었고, 쿠바를 보호국으로 만들었다. 이런 식의 미국의 내정간섭은 쿠바뿐만 아니라 중남미 전체에 대해 행해졌다. 세계대공황 당시 쿠바에서는 설탕가격 하락과 미국의 쿠바산 설탕수입 할당량 축소 때문에 미국자본의 대규모 공장은 살아남았지만, 쿠바인이 경영하던 수많은 설탕공장은 파산하고 말았다. 이리하여 쿠바경제의 대미(對美)의존도는 더욱더 심화되어갔다. 대미종속에서 해방을 요구하는 운동이 발전해 가는 과정에서 사탕수수 농장주의 아들로 태어난 카스트로의 지도로 쿠바혁명(1959년)이 일어났다. 쿠바 혁명정부는 토지개혁과 농업의 다각화, 외국자본의 국유화 등에 주력했으나, 미국의 경제봉쇄 등 방해로 인해 아직도 설탕 중심의 경제체제를 탈피하지 못하고, 필리핀의 네그로스(Negros)섬 주민들은 아직도 만성적인 기아상태이다. 인구 210만 가운데 75%가 사탕수수 농장에서 일해 설탕섬으로 불린다. 농장은 소수의 대지주가 경영하면서, 1986년 필리핀혁명은 민중운동으로 독재자 마르코스가 추방되고, 코라손 아키노가 대통령에 취임(1986~1992)한다. 그러나 친정인 코판코 가문이 네그로스섬에 6,000ha의 사탕수수 농장을 소유한 대지주였기 때문에, 새 정권하에서도 토지개혁 등 근본적인 개혁이 단행되지 않았다.

(3) 참깨

참깨는 "만능식품" 또는 "먹는 알약"이라고 할 만큼, 양질의 리놀산(散)이 다량으로 함유되어 있으며, 단백질, 미네랄, 비타민 등이 풍부한 고영양식품이다. 뛰어난 건강식품인데다, 향기가 좋아 예로부터 진귀한 향료였다. 〈아라비안나이트〉의 '알리바바와 40인의 도둑'에서 "열려라 참깨!"라는 주문을 외던 참깨는 BC 2500년경 인더스 문명인 모헨조다로와 하랍파 유적에서 탄화(炭化)된 참깨 씨앗이 다수 출토된 후 인도, 중국, 한국, 일본으로 전래되었다. 16세기 이후, 참깨는 아프리카 노예 해안 일대에서 노예와 함께 카리브해 지역으로 퍼졌고, 다시 중남미로 전파되었다. 이런 종류로는 수수, 수박, 광저기(콩과의 식물) 등이 있다. 신대륙에서 아프리카로 전해진 것은 옥수수, 사탕수수, 담배, 땅콩 등이다.

참깨가 미국에 전파된 것은 17세기 후반으로, 남부의 면화, 담배 플랜테이션(Plantation; 대농장)에 투입된 아프리카의 흑인노예를 통해서이다. 참깨와 면화가 '수참깨'로 개량에 성공한다. 1952년 텍사스 델라스시 남부 100마일 거리의 필리스시의 앤더슨 형제 제임스와 로이는 '참깨산업회사'를 설립해 참깨 재배와 참깨에서 각종 제품(참깨, 참깨 크래커, 마가린, 참깨 햄버거 등)을 만드는 데 성공한다.

형제는 참깨의 대량생산을 위해, 필리스시의 교외에 땅을 확보하고 대농장과 노동자구역을 만들어 흑인, 멕시코인, 푸에르토리코인 노동자들을 이주시키고, 이 거리를 '참깨거리(Sesame Street)'로 명명하였다.

(4) 고추와 마늘

고추의 원산지는 중앙아메리카의 멕시코다. 현재 세계의 고추 생산량은 연간 100만 톤 정도인데, 그중 1/4이 인도산이다. 그 외에 말레이시아, 타이, 부탄 등에 사는 아시아계 민족들이 애용하는 편이며, 고추의 원산지인 중남미는 고추 그 자체보다는 중국에서 사용되는 타바스코(고추를 농축한 액체)를 사용하고 있다. 한국음식 중에서 고추를 이용해 가장 맵게 만드는 음식으로는 아귀찜, 낙지볶음, 함흥냉면 등을 들 수 있다. 그러나 한국인이 전부 매운맛을 좋아하는 것은 아니다. 경상도 등 남동부지역은 좋아하지만, 북서부지역은 그다지 즐겨하지 않는다. 18세기 전후에 고추가 한국요리에 혁명을 일으켰다. 김치의 산화방부제로 사용되었다고 본다. 오늘날 고추의 사용영역은 더욱 확대되어 고추장을 만드는 주원료가 되었을 뿐만 아니라 이제 우리나라 음식에서 고추가 빠진다는 것은 상상할 수 없을 정도로 음식문화에 뿌리내리고 있다. 마늘의 원산지는 중앙아시아로 알려졌는데, 최근 마늘에 들어 있는 영양소 및 기능이 우리 현대인에게 필수적이며, 암의 발병을 억제시키는 효능이 있다고 밝혀졌다. 한국인은 어떤 음식도 마늘이 들어가지 않으면, 제맛을 내지 못할 정도이며, 중국도 마찬가지다.

(5) 된장과 간장

술과 된장은 고대 사람들이 미생물을 이용해 만든 최고의 맛을 내는 음식이다. 일반적으로 중국에서는 된장을 장(醬)이라고 부른다. 그러나 여기서 장이란 콩, 보리,

쌀, 밀가루 등을 발효시켜 만든 조미료이지 된장 등을 가리키는 말이 아니다. 중국은 예로부터 조미료를 총칭해서 장(醬)이라고 불렀다. 채소, 과일로 만든 장, 조개로 만든 장, 각종 짐승들의 고기로 만든 장, 생선으로 만든 장, 이 중에서 고기로 만든 장이 생선장과 함께 오래되었다. 고기장과 생선장의 뒤를 이어 현재 보편화되어 있는 콩장이 나타났고, 한무제 때 콩으로 만든 장이 대성행하여 술 담그기와 더불어 발달했다. 콩을 볶고 이를 다시 삶은 다음 발효시켜 된장을 만든다는 것으로 장은 향기가 매우 좋다.

간장은 된장을 이용해 만든 또 다른 조미료라 할 수 있다. 송대 간장[醬油]을 두장즙(豆醬汁), 두장청(豆醬淸)으로, 또는 줄여서 장즙(醬汁), 장청(醬淸)으로 불렀다. 이는 간장이 된장으로부터 분리되어 액체의 상태임을 말한다. 과거 일본은 요리문화는 중국처럼 다양하지도, 한국처럼 발효식품이 발달한 것도 아니다. 다만, 회(?)라는 요리처럼 별다른 조리 없이 자연산 그대로를 즐겨 먹었다. 이처럼 일본의 전통요리는 날것을 그냥 먹는 경우가 많다. 그런 경우 무언가로 간을 맞추거나, 역겨움을 덜어주는 재료가 필요했는데 그중 간장이 널리 사용되었다.

(6) 후추

일반적으로 향신료라고 하는 것은 후추, 계피, 고추냉이 등 음식물에 향기와 맛을 더해주거나 음식물의 부패를 방지하기도 하는 식물성 음식을 말한다. 이러한 향신료는 현대인에게 필수적이며, 근대 이전에는 이것을 구하기 위해 대항해시대가 전개되었고, 식민지 건설 등 인류사의 불행이 전개되었다. 이처럼 인류의 식생활에 큰 변화를 준 향신료는 그 종류도 엄청나게 많아서 동남아지역에서 전통음식을 만들 때 들어가는 향신료는 20가지가 넘는다고 한다. 향신료 가운데는 특정지역 주민들만이 좋아하는 독특한 맛과 향기를 내는 특이한 것들이 많이 있는가 하면, 우리가 매일 먹는 음식에 필수적으로 사용되는 만큼 세계적으로 보편화된 것도 많다.

향신료는 대체로 아시아의 열대지역에서 나는 식물이기 때문에 이들 지역 이외의 사람들은 일찍이 이것들을 맛볼 수가 없었다. 대항해시대를 통해 유럽인들이 동남아시아에 진출하면서 이 향신료의 맛을 알게 되어 이것을 유럽에 전했고, 이를 가지고 돈을 벌겠다는 상인들이 동남아시아로 본격 진출하면서, 유럽인들의 대아시아 진출이 시작되었다. 당시 유럽인들의 음식이란 소금에 절인 돼지고기 정도밖에 없었고, 이는 고역이었다. 서양 사람들이 즐겨 먹는 육류는 아무리 소금에 절였다 해도 부패하기 쉬운데다 그 맛 또한 변질되기 십상이어서 부패를 방지하고 입맛을 돋우는 향신료의 발견은 일대 혁명이었다.

후추의 원명은 Piper nigrum으로서 원산지는 인도이며, 길이가 7~8m에 달하는 상록의 넝쿨성 식물이다. 직경 4~5mm의 열매가 사방에 달리는데, 이 작은 과실을 향신료로 이용한다. 후추의 종류에는 검은 후추, 흰 후추가 있다. 검은 후추는 아직 익지 않은 초록색의 과일을 이틀 정도 햇볕에 말린 다음 발로 껍데기를 벗긴 것을 말한다. 이는 매운맛은 적지만 향기가 아주 좋다. 흰 후추는 완전히 익은 열매를 냇물에 씻은 뒤 건조시킨 다음 껍질과 살을 벗겨내고 씨앗만을 가지고 만드는데 이것은 매운맛과 독특한 향을 가지고 있다. 그러나 이들 두 종류 모두 식욕을 돋우고 부패를 방지하며 진통과 해열에도 효과가 있다고 한다.

유럽인들의 동남아시아 진출은 가장 수익성이 높은 향신료의 교역으로 치닫게 되었다. 그리고 이들 향신료의 대량 수확을 위해 식민지 경영과 농장의 설치가 확대되어 갔다. 식민지의 향신료 수확에 발 벗고 나섰던 서구 세력들—영국, 네덜란드, 스페인, 포르투갈 등—은 원주민과 전쟁을 하면서 무지막지하게 그들을 희생시키고 탄압했다. 동식물을 조리해서 먹는 것은 인간만이 할 수 있는 일이다. 그러나 조리를 한다고 해서 모든 것이 요리가 될 수는 없다. 하나의 요리는 그만큼 고유한 역사를 함축하고 있고 많은 연구와 온갖 재료가 동원되어야 비로소 탄생되는 것이다. 이처럼 요리의 발달사를 보면, 각 시기별 · 지역별로 요리가 나름대로 체계화하는 데 큰 역할을 한 것이 바로 향신료였음을 알 수 있다. 그렇기 때문에 인간의 역사가 존재하는 곳에서는 반드시 향신료의 거래가 진행되었던 것이고, 이를 둘러싼 많은 역사적 사건이 생겨났다. 즉 인간의 역사는 향신료에 혼합되어 뒤얽힌 역사라고 할 수 있다. 향신료라고 하는 것은 자연에서 채취하여 만들어지는 것이기에 그 종류나 생산량에 한계가 있었고, 후에는 교역의 활성화를 가져오게 하였던 것이다.

식욕에 대한 끊임없는 추구는 결국 인공적으로 새로운 막을 만들어내는 지혜를 내게 했다. 이런 상황에서 인간의 지혜로 만들어낸 인공적인 향신료를 넓은 의미에서 우리는 조미료라고 말한다. 조미료의 기원은 일본인들이 만들어냈다고 하는 아지노모도('맛의 근원'의 의미인 日本語)인데 이것은 세계적으로 가장 보편화되어 있다. 인간이 추구하는 기본적인 미각에는 5가지로, 단맛, 신만, 짠맛, 쓴맛, 매운맛 등이다. 그리고 이들 맛 이외에 다른 맛을 추구하려는 인간의 욕망에 의해 새로운 맛이 만들어졌는데 그것을 어떤 맛이라고 단정할 수 없지만, 아마도 우리가 보통 말하는 미원이나 다시마 맛을 의미할 것이다. 이들 조미료 계통의 맛은 사실상 고대부터 발견되었으며 대개 동식물의 조직이나 액즙을 혼합해서 만들었다고 한다.

그러던 것이 1908년 일본의 화학자 이케다(池田菊苗)가 일보에서 전해 내려오는 전통 조미료를 분석한 결과 그 주성분인 글루타민산 나트륨이라는 사실을 확인, 이를 이용하여 본격적인 화학조미료를 만들게 되었고, 세계 각국에서는 이 원리를 바탕으로 하여 혼합조미료, 가공조미료, 발효조미료 등을 만들어내기 시작했다. 그리하여 이제 세계 각지에서는 이렇게 만들어진 조미료에 의해 독특한 맛을 내는 음식문화가 발달하게 되었다. 이들 조미료는 맛과 색깔, 그리고 향기 등에서 각 지역별 상황과 환경 등에 의해 차이가 날 수밖에 없기 때문에, 오늘날과 같은 다양한 식문화를 생성시켰던 것이다.

2) 인간생명의 풍성함을 이룬 양식

(1) 고구마(기근 해결)

고구마의 원산지는 멕시코·콜롬비아 등 더운 중남미지역이다. 이들 고구마는 마야·아즈텍·잉카 문명의 사람들이 주로 재배했으며 품종도 개량했다. 콜럼버스 4

차 항해 때 유럽에 전해졌고, 1521년 마젤란이 필리핀 세부섬에 도착하여 사망 후, 아시아는 1571년 스페인의 레가스피가 마닐라 점령 때 고구마가 멕시코로부터 직접 전해졌다. 필리핀 루손섬에서 중국의 복건성에 전파되었다.

한국은 통신사의 내왕을 통해 고구마가 조선에 전해졌고 1763년(영조 39년) 겨울 통신사로 일본에 갔던 정사 조엄(趙曮)이 쓰시마에 머무르는 동안 고구마의 맛과 그 생산성의 우수함을 보고 재배방법을 배워 동래와 제주도에 심은 것이 최초이다. 고구마는 경상도와 전라도에 급격히 보급되고, 경기도까지 북상해 19세기 조선의 기근을 해소하는 데 큰 역할을 했다.

(2) 감자(빈민의 빵)

인류가 만들어낸 재배식물 가운데 아메리카 대륙에서 기원한 것이 많고, 또한 대부분이 우수한 작물들이다. 옥수수, 호박, 토마토, 고추, 강낭콩, 버지니아 딸기, 파인애플, 카사바(멜론의 일종), 초콜릿, 고구마, 감자가 대표적이다.

감자의 원산지는 남미 페루 남부로부터 볼리비아 북부에 걸친 중앙안데스의 중앙부 고원지대, 특히 티티카카 호수 주변부이다. 당시 이 지역을 석권하고 있던 잉카제국의 사람들이 감자를 주식으로 했다. 감자가 아주 추운 지역에서도 생장이 가능하고, 해발 4,000m나 되는 고지대에서도 자라나는 특성을 가졌기 때문이다.

16세기 중엽, 스페인 사람들이 페루의 은(銀)광산에서 채취한 은을 배에 싣고 유럽으로 갈 때, 배의 식량으로 감자를 싣고 갔다. 이들은 스페인, 이태리를 거쳐 중유럽과 동유럽까지 갔고, 영국과 아일랜드 등지로 보급되었다.

감자는 전분이 풍부할 뿐만 아니라 비타민 C가 많아서 감자를 많이 먹으면 긴 항해를 하는 중에도 괴혈병에 걸리지 않았으며, 긴 항해를 하면, 감자는 주요 식품으로 대량으로 선적되곤 했다.

중세 유럽의 역사는 굶주림의 역사라고 한다. 이런 기근에서 벗어날 수 있는 구황작물이 감자다. 중세유럽인들이 일상적으로 먹는 음식물을 보면, 이들이 얼마나 형편없는 식사를 했었는지 알 수 있다.

　지배계층은 식사로 사슴, 산돼지 통바비큐, 소, 양, 돼지, 닭고기에 빵, 치즈, 고기파이 등과 채소, 과일, 벌꿀, 포도주, 맥주 등을 먹기는 했으나, 이렇게 육식을 하기 위해서는 동물이 살찌는 가을 동안 도살을 하고, 그런 후에 그 고기를 어떤 방법으로든 다음해 봄까지는 보관해야 한다.

　이 저장육은 다량의 향료와 후추 없이는 도저히 먹기가 힘들 정도로 역겨웠다고 한다. 이러한 식품을 보다 맛있게 하기 위한 향신료를 구하기 위해 동방무역이 성행하게 되었고, 그것은 십자군전쟁에서 지리상의 발견으로 이어지는 역사의 원동력이 되기도 했다.

　영국 농노의 식사는 아침에 빵과 맥주 한 잔 또는 물, 점심은 치즈와 빵, 양파 한두 조각과 맥주 한 잔, 저녁(주식)은 수프, 빵과 치즈, 가끔씩 소금에 절인 돼지고기를 먹는다. 이처럼 빈약한 식생활도 평화 시의 일이며, 일단 기근이 들었을 때의 참상은 상상할 수 없을 정도다. 이와 같은 유럽의 기근 구제에 큰 공헌을 한 것은 지리상의 발견기에 신대륙에서 가져온 많은 식용작물이었다. 유럽인은 잉카와 아즈텍 두 제국을 잔혹하게 멸망시켰는데, 마야·아즈텍·잉카 문명을 이룩한 사람들, 즉 인디오들이 오랜 세월 동안 가꾼 재배식물의 상당수는 유럽사람들에게 커다란 은혜를 베풀었던 것이다.

　감자가 차츰 유럽인들의 주식으로 자리 잡게 되었다. 정치적 압력에 의해 강제로 감자를 주식으로 삼게 된 나라는 아일랜드다. 영국의 청교도혁명을 이끌었던 크롬웰은 혁명 직후, 가톨릭을 신봉하던 아일랜드를 침략하고, 1652년 아일랜드 식민법을 제정하여 토지수탈을 단행했다. 이 때문에 아일랜드 전체 경작지의 2/3가 영국인 지주의 소유가 되었고, 몰락한 아일랜드인은 영국인 지주 밑에서 소작인으로 일하던지, 아니면 신대륙이나 영국으로 이주할 수밖에 없었다. 영국으로 이주한 아일랜드인은 값싼 임금을 받으면서 일했다. 영국인은 "아일랜드인은 감자만 먹고 일한다"면서 아일랜드 노동자들을 경멸했지만, "세계의 공장"이라는 영국의 산업혁명과 그 후의 영국 경제를 그늘에서 지탱하고 있었던 것은 바로 이들 아일랜드인 노동자들이었다. 한편 아일랜드 소작인의 생활은 혹독했으며, 때로는 '백인노예'라고 불릴 정도였다. 아일랜드의 인구는 1641년의 150만에서 1652년에는 85만 명으로 절반이 줄어들었다. 영국은 아일랜드를 자국의 식량 공급지로 만들었다. 아일랜드에서 생산되는 밀은 수출용으로 돌려지고, 17세기 초엽에는 감자가 아일랜드인의 주식이 되었던 것이다.

1845년 아일랜드에는 병충해가 퍼져 감자 농사가 전멸했고, 감자를 사료로 하여 농가에서 기르던 소나 돼지도 죽음에 이를 수밖에 없었다. 수많은 사람들이 영양결핍으로 병에 걸리거나 기아로 목숨을 잃게 되는 사태가 발생하였으며, 소작료를 내지 못한 농노들은 영주에게 토지를 빼앗기고 추방당했다. 그리하여 매년 수천 명의 아사자와 160만 명(1845-75년 통계) 이상의 해외 이주자가 나왔다. 케네디 미 대통령의 조부도 이때 미국으로 건너간 사람 중 하나이다. 그러나 대기근(大饑饉)이란 참상이 진행되는 한편에서는 매년 50만 톤 이상의 밀이 영국으로 송출되었으며, 그것은 아일랜드의 전체 인구를 부양할 수 있는 양이었다. 이와 같은 사실은 식민지 지배가 가진 가공할 만한 본질을 잘 나타낸다.

감자는 동일 면적당 생산량이 보리 등 다른 작물에 비해 1.5배나 많았으므로 인간이 다 먹지 못하고 남는 감자는 가축들, 주로 돼지들에게 아주 좋은 사료가 되었고, 그리하여 돼지의 사육도 보편화되었다. 이렇게 돼지 사육이 확대됨에 따라 유럽인들은 서서히 육식을 하게 되었는데, 19세기 후반 돼지육의 생산량과 소비량은 제2차 세계대전 직전과 거의 같은 수준으로, 서구 유럽이 본격적으로 육식을 하게 된 데에는 감자의 역할이 큰 부분을 차지한다. 제2차 세계대전 후 경제성장기의 유럽에서는 자국 곡물의 생산량 또한 급속히 증가하여 곡물도 인간이 다 먹을 수 없게 되었다. 그리하여 이를 또한 가축에게 주게 되었고, 가축에 의한 육류 생산은 더욱 많아지게 되었다. 감자보다 더 좋은 곡물사료가 사용되는 바람에 결국 감자의 생산량은 점점 줄어들기 시작했으나, 감자가 이미 유럽인들의 주요 식품으로 널리 보급되었다.

(3) 빵

빵이란 넓은 의미에서 곡물이나 나무 열매 등 전분이 많은 식물을 총칭하는 말이고, 좁은 의미에서는 곡물을 빻아서 우유와 물을 넣어 저은 다음 구운 것을 말한다. 빵에는 발효시키지 않은 것과 발효시킨 것이 있는데, 전자를 주식으로 하는 지역과 후자를 주식으로 하는 지역은 확실하게 나누어져 있다. 그것은 그 지역의 자연적 환경에 의해서 나타나는 현상으로, 빵의 재료, 연료, 혹은 이주하며 살든지 한 곳에 정착해서 살든지 하는 주변 환경에 따라 결정된다. 빵을 주식으로 하는 민족에게는 빵을 어느 정도 확보하느냐에 따라 자신들의 생명이 가름되기 때문에 빵은 아주 중요시할 수밖에 없다.

발효시키지 않은 빵은 밀·옥수수·잡곡 등 다종다양한 곡물로써 만들 수가 있다. 밀을 재배하기 시작한 문화는 약 1만 년 전 서아시아의 비옥한 삼각지대인 메소포타미아 지방에서 나타났다. 인류가 빵을 만들기 시작한 곳도 바로 이 지역이다.

발효시키지 않은 빵은 돌판이나 철판을 뜨겁게 하여 굽고 채소나 고기, 두부 삶은 것 등을 치즈·샐러드·과일 등을 말거나 헝겊으로 덮어서 찌기도 한다. 발효시킨 빵의 경우는 가장 좋은 재료가 보릿가루다. 빵을 발효시킨다는 것은 효모균을 빵 반죽에 넣고 알코올과 탄산가스를 발생시켜 반죽을 팽창시키는 것을 말하는데, 보릿가루에 물을 넣어 반죽하면, 탄산가스를 포함한 보리단백질(글루텐: Gluten)이 형성되어 반죽이 고무풍선처럼 팽창하게 되고, 이 때문에 잘 부풀어오른 빵이 만들어진다. 보릿가루를 섞지 않은 빵은 글루텐이 형성되지 않기 때문에 부풀어오르지 않는다. 고대의 빵은 밀이나 보리 한 가지로써 만들어졌지만, 점차 보리와 쌀이 섞이며 발달했기 때문에, 유럽의 빵을 연구하는 이들은 발효되지 않은 빵을 원시적인 형태의 빵으로, 발효된 빵을 발달된 형태의 빵이라고 평가한다. 그러나 최근에 민족학 내지 문화사적인 측면에서 다채로운 무발효 빵의 문화를 재고해야 한다는 주장도 있다.

빵 굽는 기술이 유럽 전체에 퍼져 나가면서 빵은 주식으로 이용되었는데, 특히 르네상스기에 와서는 빵의 질도 좋아졌고, 나아가 지역이나 국가에 따라 빵의 성격도 다양해졌다. 자기 나라 고유의 개성적인 빵이 발달한 나라들은 프랑스·오스트리아·헝가리·독일 등인데, 프랑스에서는 막대 모양의 바게트 빵, 미국에서는 윗부분을 판판하게 구운 샌드위치형 빵이 발달했으며, 영국에서는 고대 로마로부터 직접 빵 만드는 방법이 전해져서 영국 나름대로의 독특한 스타일인 산과 같은 형태의 식빵이 발달했다. 또한 빵은 밀가루·식염·이스트 등만을 배합해 겉쪽은 두껍게 구운 유럽식 빵과 설탕·우유·유지 등을 배합하여 겉은 얇고 부드럽게 구운 미국식 빵으로 구분할 수 있다.

동양에서는 대체로 고대부터 쌀을 주식으로 삼아왔기 때문에 빵문화는 발달하지 못했다. 서양식 빵에 비유할 수 있는 만두와 같은 밀가루 음식은 상당히 발전했다.

일본은 16세기 포르투갈인들로부터 전해져 포르투갈어인 빵으로 되었다. 1877년경 속에 단팥을 넣은 소위 "앙꼬빵"이라는 것을 만들어 세계적인 빵이 되었다. 일본은 전쟁 중에 쌀음식(米食)보다는 가볍고 휴대하기 쉽고, 아무 곳에서나 먹을 수 있는 빵이 편리했으므로, 도넛형의 빵을 만들어 실로 꿰어 허리에 차고 다니면서 먹도록 했다고 한다. 우리나라는 19세기 말에 들어왔으나, 경제가 발달한 1980년대 중기 이후에 보편화되었다. 서양사람들의 주식이 고기인 것으로 착각하나 실은 빵이다.

(4) 면(麵: 국수)

면(麵)이란 밀가루(小麥)에 물을 부어 반죽한 후 이를 펴서 칼로 가늘게 자른 다음 말려서 물에 넣어 끓여 먹거나, 혹은 만들자마자 젖은 그대로 끓여 먹는 음식을 말한다. 국수 역시 중국에서 처음 만들어졌다. 중국에서는 이러한 국수의 종류를 총칭해서 면이라 하고, 일본에서는 면류(麵類)라고 한다. 소맥분 그 자체를 이용하여 만든 것을 면이라 하고, 이 원재료를 가공하여 만든 것을 병(餅)이라 하는 것이 원칙이다. 우리나라는 병(餠)이라는 개념이 떡으로 인식된다. 중국에서 병(餠)은 빵이라는 뜻이다. 우리나라의 경우 빵과 떡은 곡식을 빻아서 만든다는 점에서는 같지만, ─밀이냐 쌀이냐─ 원재료의 차이가 있는 것으로 인식된다.

면은 기원전 5000년경 아시아에서 시작되었다. 가늘고 긴 형태는 3세기경 위·촉·오 3나라로 분열되어 싸우는 삼국시대에 위나라 기록에 나온다. 면은 조리하는 방법에 따라 대체로 온면과 냉면으로 나누어진다. 원래 우동이라는 말은 뜨거운 물에 넣고 끓여서 조리하는 모든 면류를 총칭했던 것이다. 일본인들에게 우동류와 조리방식은 같으나 우동보다 더 상위로 치는 '소바'는 메밀의 뜻이다. 즉 메밀국수다.

"우동이든 소바든 모두가 중국에서 전래된 것이다. 인스턴트 라면도 중국 북방에서 유행한 '라미엔'이다." 중국에는 타로면(따루미엔), 탕면(탕미엔), 작장면(자짱미엔), 도삭면(따우사우미엔), 신면(천미엔), 과교면(꾸어치아우미엔) 등이 있다.

(5) 두부

두부는 인류가 만들어낸 최고의 음식이다. 두부는 콩으로부터 추출해 낸 식물성 단백질로서 인체에 아무런 해를 주지 않으면서 많은 영양소를 공급해 주어, '동양의 가효(佳肴)'라고 일컬어진다. 또한 두부는 더울 때는 차게 해서 먹고, 추울 때는 뜨겁게 해서 먹을 수 있는 사시사철의 음식이다. 특히 두부의 원조국인 중국에서의 인기는 우리의 상상을 초월한다. 두부는 그 종류도 다양해서 단단한 북두부(北豆腐)·부드러운 남두부(南豆腐)·두부건(豆腐乾: 누른 두부)·동두부(凍豆腐: 얼린 두부)·두사(豆渣: 비지) 등이 있다. 또 중국인들은 두부를 가공해서 여러 가지 음식을 만들어 먹는데, 이는 두부의 맛을 한층 더 즐기기 위해서 고안된 것이다. 이 중 아침식사를 할 때 먹는 떠우짱(豆醬), 술안주에 최고며 식사 때 반찬으로 제일인 두부를 발효시켜 만든 장떠우푸(醬豆腐)와 처우떠우푸(臭豆腐), 소화가 잘 되어 환자의 식사에 최고인 두부뇌(豆腐腦)라고 하는 두화(豆花) 등이 대표적이다.

광둥의 요리에는 두부요리가 많다. 그중에서 대표작으로 꼽는 것은 '태사두부(太

史豆腐)'라고 한다. 이는 두부탕과 같은 것으로 12개로 자른 두부를 두 마리의 닭을 삶아낸 국물 속에 넣은 것이다. 사천요리는 사천지방의 요리로 들과 산의 산물이 풍부하고 두부요리, 해산물요리 등이 매우 유명하며, 진하고 자극적인 맛이 특징으로 대표적인 요리는 마포어떠우푸(마파두부: 麻婆豆腐)이다.

우리나라도 두부요리는 옛날부터 진미 중의 진미로 쳐왔고, 또 성스러운 음식으로 여겨 중요한 행사에는 반드시 두부를 손수 만들어 공양했다.

(6) 옥수수

옥수수의 원산지는 멕시코로부터 과테말라에 이르는 중남미로 알려지고 있다. 약 7000년 전부터 멕시코에서는 마야문명이 옥수수를 주작물로 하는 화전경작이 발달하여 많은 인구를 부양할 수 있었다. 오늘날 중앙 안데스 지역에서는 옥수수의 태반을 주식으로 이용하기보다 치차술을 만들어 제전에 쓰고 있다. 그러나 중앙아메리카 지역에서는 옥수수를 주식으로 이용하였고, 옥수수를 가루로 만들어 반죽한 다음 넓게 펴서 굽는 '또띠야'라고 하는 빵을 오늘날까지도 즐겨 먹는다.

콜럼버스의 기록에 스페인에 가지고 들어온 옥수수는 순식간에 스페인 전역에 퍼졌고, 동시에 전 세계로 퍼졌다. 16세기 전반에 지중해를 넘어 동유럽과 북아프리카에까지 보급되었다. 16세기 중엽에 포르투갈에서 인도 · 동남아시아 · 중국 등지로 전해졌고, 그 후 일본과 한반도에 전해졌다.

현재 옥수수를 주식으로 하는 지역은 중남미 일부 지역과 아프리카와 동남아시아 일부 지역을 제외하고는 거의 없다. 그러나 예전에 인간이 선호했던 만큼, 이제 옥수수는 동물사육에 없어서는 안 될 귀중한 식량이기 때문에, 세계 각국 사람들이 육식을 선호하게 되면서부터 옥수수는 점점 더 많이 필요하게 되었다. 그리하여 세계의 옥수수 생산량은 보리와 쌀에 이어 3위를 기록했으며, 머지않아 보리를 제치고 1위를 차지할 가능성이 크다.

(7) 바나나

바나나의 원산지는 인도와 동남아시아를 중심으로 발달한 인도문화권 지역으로, 말레이반도라고 할 수 있다. 바나나는 동남아시아로부터 서인도와 아프리카로, 동으로 태평양제도를 거쳐 중남미로 전파되었다. 중앙아메리카와 카리브해에서 주로 재배되다가 미국과 유럽으로 전해졌다.

세계 농경문화의 근원지는 4곳으로 알려졌다. 밀 · 보리 등을 중심으로 하는 지중해 농경문화, 바나나 · 토란 등을 중심으로 하는 동남아시아의 근재(根栽)농경문화, 참깨 · 조롱박 등을 중심으로 하는 아프리카의 사바나 농경문화, 옥수수 · 감자 등을 중심으로 하는 신대륙 농경문화가 그것이다. 지금까지, 다수확 · 보존 · 비축 등이 가능한 곡물류를 생산해 낸 서아시아가 오리엔트의 고대문명을 이룩했다는 이유 때문에 지중해 농경문화만을 중시해 왔다.

바나나는 모든 과일 중 품종개량에 가장 성공했다. 열대지방에서도 유례가 드물게 4계절 수확이 가능한 과일이 되었다. 씨가 없다는 점에서 포도나 귤 종류, 더욱이 사과나 복숭아 등과는 큰 차이가 있는 대단한 발전을 이루었다. 바나나에서는 단위결과성(單位結果性)이라는 유전적 돌연변이체를 찾아냈고, 이를 토대로 하여 3배체를 주력으로 하는 씨 없는 과일을 실용화시켰다.

바나나는 과일 중에서 가장 생산량이 많으며, 껍질을 벗겨서 먹는 것 말고도 삶거나 굽거나 말리거나 찌거나 가루로 만들거나 술을 담가서 먹는 등 그 요리방법이 다양하다.

바나나는 중앙아메리카와 카리브해에서 재배되고 있으며, 미국과 유럽으로 반입되고 있다. 1871년 매사추세츠주의 선장이었던 베이커는 자메이카에서 보스턴으로 바나나를 수송하여 거액을 벌었다. 베이커(Baker)는 1885년 보스턴 과일상 프레스턴과 함께 '보스턴 과일상사'를 설립했고, 미국에서 대량의 바나나를 판매하여 많은 이익을 올렸다. '보스턴 과일상사'는 1889년 중미의 철도왕 오스가 경영하는 열대무역수송회사를 합병하여 '유나이티드 프루츠사(UF)'를 창설했다.

UF사는 바나나 부문과 철도부문의 경험을 살려 미국과 중미의 바나나 무역회사와 바나나 농장과 항구를 연결하는 철도를 차례대로 사들였고, 1910년경에는 중앙아메리카의 '녹색제국' 또는 '바나나제국'이라고 일컬어지는 거대한 바나나 독점 회사로 성장했다. UF사는 코스타리카 바나나의 99%, 파나마의 93%, 과테말라의 75%를 지배했고, 코스타리카 철도의 전부와 기타 주요 항만과 철도를 지배하에 두었다.

UF사는 또한 과테말라의 거의 모든 바나나 농장, 철도, 항구를 지배하에 두고, 이 나라의 바나나 수출을 독점했을 뿐만 아니라 사실상 전력, 수도, 경찰, 학교, 병원까지 지배하고 있다. 이러한 UF사의 독점에 대해 과테말라 민중은 UF사와 친미정권에 대해 저항운동을 전개하여 1950년 민족주의적인 알벤스 정권을 수립했다. 알벤스 정권은 1952년 70만 에이커의 국유지와 UF사 소유의 휴한지를 포함한 50만 에이커를 사들여 약 6만 명 정도의 토지 없는 농민에게 분배하는 계획에 착수했다. 그러자 UF사는 거금을 투입해서 반혁명군을 지원하여 알벤스 정권을 쓰러뜨렸다. 일개 회사가 한 나라의 정권을 무너뜨렸다.

1963년, 일본정부는 바나나 수입을 자유화했다. 일본시장의 전망이 좋다고 확신한 유나이티드 브랜즈사와 캐슬&크루츠사가 1964년 필리핀의 민다나오에 진출했다. 이어서 미국의 델몬트사와 일본의 스미토모(住友)상사가 진출해, 이들 4개의 회사에서 필리핀의 수출용 바나나 90%를 독점해 버렸다. 이들 외국 자본은 대지주로부터 토지를 사들인 뒤 불도저를 투입하여 자작농들을 몰아냈는데, 농민들이 얻어낸 것은 담배 한 갑 정도의 보상금에 불과했다. 농민들은 다바오시의 빈민가로 흘러들어 가든지, 정글 깊숙이 들어가든지, 아니면, 이들 외국 자본이 경영하는 바나나 농장에서 일할 수밖에 없었다. 노동력이 풍족했던 까닭에 바나나 농장의 노동자들은 낮은 임금에다 농장의 열악한 숙소에서 생활하며, 농장의 하늘에서 살포되는 대량의 농약을 뒤집어쓰고 일함으로써 피부와 체력을 좀먹는다.

02 세계 음식문화의
이해

Korea·Japan·China·Thailand·Vietnam·India·Turkey
Italy·Spain·France·Germany·United Kingdom
United States of America·Mexico·Brazil

part 2

세계 음식문화의 이해

1. 오천 년의 멋과 맛이 흐르는 한국

1) 음식문화의 형성배경

우리나라는 동아시아의 남부에 위치한 반도국으로, 총면적은 약 22만㎢이고 남으로는 일본열도, 서쪽으로는 황해를 사이로 중국과 북쪽으로는 중국 대륙과 육로로 인접해 있다. 국토의 약 70%가 산지이고 동고서저의 지형으로 태백산을 중심으로 북동쪽은 높은 산맥이 많고 남서쪽으로 낮은 지형으로 이루어져 주요 강들이 서해나 남해로 흘러 평야를 이루고 있다. 또한 동쪽 해안선은 단조롭고 수면이 깊은 반면 서쪽과 남쪽은 평야가 바다로 연결되어 수심이 얕고 대륙붕을 형성하고 있다. 반도국가로 국토의 넓이에 비해 수륙양면의 지리적 위치로 인해 논농사, 밭농사 및 어업이 성하여 다양한 산물들을 얻을 수 있다.

기후의 변화는 사계절이 뚜렷이 나타나며, 겨울에 북부지역은 편서풍으로 인해 시베리아와 몽골고원의 영향을 받아 대륙성 기후를 띠어서 건조하고 무척 추우나 남부지역은 이런 영향을 적게 받아 상대적으로 온난한 편이다. 여름에는 태평양의 영향을 받아 해양성 기후의 특색을 보여서 고온다습하다.

대체로 북부지역은 여름과 겨울이 길고 남부지역은 봄과 가을이 길다.

종교는 고대로부터의 전통적인 토착신앙으로서 무속신앙이 발달, 삼국시대에 중국으로부터 불교와 유교가 전래되었으며 불교는 삼국시대 및 고려시대에 이르는 약 1천 년 동안 융성해져 식생활에 불교의 가르침이 많은 영향을 주었다. 유교는 조선에서는 국교로 지정되어 우리의 풍습이나 습관, 습성, 가치관, 사상, 생활방식 등에 많은 영향을 미치고 있다. 조선 후기에 서학이라는 이름으로 이승훈에 의해 전파된 기독교는 조선의 탄압에도 불구하고 19세기 말부터 20세기 초 사이에 미국의 개신교 선교사들의 선교활동으로 짧은 기간 빠른 속도로 발전하여 전 인구의 1/3 정도가 믿고 있다.

한반도에 사람들이 살기 시작한 시기는 기원전 약 70만 년 이전으로 추정 후기 구석기시대인 약 2만 5천 년 전부터 해안과 강가를 중심으로 수렵과 채집 위주의 생활을 하였으며, 기원전 8000년경부터 신선기시대로 접어들면서 원시적인 농경생활과 목축이 시작되어 식량을 재배하기 시작하였다. 기원전 1500년경에서 기원전 300년경의 청동기문화와 기원전 300년경 삼한시대 교역을 통하여 철기문화가 도입되면서 농경사회가 정착화되고 초기 국가인 고조선 형성의 원동력이 되었다. 고조선 멸망 이후 부여, 옥저, 동예, 진국, 삼한 등 여러 나라가 생겨났고, 이후 고구려, 백제, 신라의 삼국시대로 이어졌으며 이 중 신라가 삼국을 부분적으로 통일하는 한편 북쪽의 발해와 함께 남북국시대를 형성했다. 10세기 고려가 등장하면서 한민족 단일국가의 시대를 시작했고 14세기 조선이 이를 계승했다. 1897년에 수립된 대한제국은 1910년 한일병합조약을 통해 국권을 빼앗기며 일제 강점기로 전환, 1945년 일본으로부터의 독립을 맞이하고 1948년 대한민국 정부 수립으로 제1공화국이 수립하게 되었으나 1950년 한국전쟁으로 한반도는 남북으로 분단되어 현재에 이르고 있다.

2) 음식문화의 특징

수렵과 채집, 고기잡이로 생활하던 긴 세월을 지나 기원전 6000년경 신석기 중기 원시농경생활의 시작으로 잡곡 외 콩, 벼 등을 재배하게 되었고 북부 유목민의 영향으로 가축의 생산과 식육도 크게 늘어났다. 농경은 더욱 발달하고 곡물로 찐 떡, 술 등으로 제천의식을 지내고, 음주가무로 부족의 결속을 다지기도 하였다.

삼국시대에는 철기문화로 농사기술이 크게 발달하여 벼농사가 널리 보급되었다. 이때 밥을 주식으로 채소절임, 젓갈, 장류를 부식으로 하는 전통 밥상 차림이 생겨나기 시작하였다. 또한 중국으로부터 불교가 전래되면서 유목민의 육식문화는 점차 줄어들고 채식 위주의 식사와 음차문화가 발달하게 되었다. 고려시대에 접어들어 권농정책과 불교의 융성으로 채식 위주의 식생활과 사찰음식이 크게 발달하였다. 고려시대 중기 이후에는 무관세력의 강화와 몽골의 침입으로 쇠퇴하던 육식이 다시 늘어나게 되었고 교역을 통해 설탕, 후추, 포도주가 유입되고 된장, 간장, 김치, 술 등 저장음식의 조리법이 완성단계에 접어들었다.

조선시대는 유교를 숭상하는 정책으로 상차림이나 식사예절이 엄격해졌으며 의례식과 시식, 절식 등이 발달하였다. 조선후기에는 외국과의 교역이 활발하여 옥수수·땅콩·호박·토마토·고구마·감자·고추 등이 유입되었다.

19세기 개화기와 일제 강점기에는 서양요리, 중국요리, 일본요리가 등장하게 되었으나 일본의 전쟁 참여로 식량부족과 빈곤으로 음식문화는 침체기를 맞이하게 되었다. 한국전쟁 이후 UN의 밀가루가 보급과 축산장려정책으로 밥 위주의 식사에 변화가 생겨났다. 1970년대 이후 경제적인 급성장으로 식생활은 보다 안정화되고 풍요로워졌다. 특히 서양의 식생활이 많이 도입되고 가공음식의 발달과 더불어 영양과잉 현상이 생겨나기도 하였다. 또한 1980년에 들어 해외여행 자유와 외식산업의 발달로 식생활은 더욱 풍요롭고 다양해졌다. 최근에는 노령인구와 1인가구의 증가로 건강식과 간편식의 소비가 증가하고 있다.

(1) 주식과 부식이 명확히 구분되며, 곡물 위주의 주식과 식물성 식재료를 사용한 부식이 많다

약 50만 년 전부터라고 하며 한반도에 인류가 거주하기 시작하여 선사시대를 거쳐 청동기시대에 들어와 벼농사가 시작되면서 어패류를 주식으로 하던 것이 농산물 주식시대로 전환되었으며 벼, 밀, 보리, 조 등을 주식으로 하는 곡류문화가 발달하게 되었다. 쌀, 보리, 잡곡 등으로 지은 밥을 주식으로 하고 채소, 해조류, 콩류, 어패류, 어육류 등으로 만든 반찬을 부식으로 한다. 특히 삼국시대와 고려시대에는 불교가 번성하고 국교가 되면서 육식을 기피하고 채식 위주의 음식문화가 발달하고 정착화되었다.

(2) 상차림이 다양하고, 공간전개형을 기본으로 한다

상차림은 한 상에 차려놓은 주식 및 반찬의 종류와 가짓수, 배열방법을 말하는 것으로 조리법과 식사예절 등이 유교의 영향을 받아 엄격하고 예를 다함을 강조하였다. 상차림의 종류에는 평상시에 차려지는 일상식과 통과의례와 같은 특별한 날에 차려지는 의례식, 명절이나 계절에 따라 차려지는 시절식 등이 있다.

일상의 반상차림은 외상차림이 기본이고 밥과 국을 중심으로 다양한 음식을 한 상에 푸짐하게 다 차려 놓는다. 모든 반찬이 다 나열되어 공간전개형으로 차려지는 것은 반찬을 밥과 같이 먹기 위함이다. 상 위에 음식을 차리는 법도 먹는 이가 가장 편한 자세로 먹을 수 있도록 정한다. 국물이 있는 음식은 오른쪽에, 뜨거운 음식은 앞에, 신선하고 특별한 음식은 앞에, 밑반찬은 왼쪽에 놓는다.

(3) 발효음식을 중심으로 하는 저장식품이 발달하였다

사계절이 뚜렷하여 긴 겨울을 나기 위해 제철에 나는 식품을 일정기간 저장하고 발효시킨 음식들이 많다. 특히 콩으로 만든 간장, 된장, 고추장, 청국장과 같은 장류 는 육류섭취가 부족한 경우 중요한 단백질 급원으로, 김치와 같이 채소를 이용한 각 종 채소 절임류는 겨울철 채소가 부족할 때를 대비한 부식으로, 생선과 그의 부산물 을 소금에 절여 일정기간 발효시킨 젓갈류는 부식과 양념으로 이용된다.

(4) 음식에 음양오행과 약식동원의 사상이 깃들어 있다

음양오행은 세상의 모든 만물이 음과 양으로 구분되고, 음양의 생성과 변화는 오 행(목, 화, 토, 금, 수)에서 비롯된다는 동양철학에 근거를 둔다.

몸에 좋은 음식은 음양오행이 서로 균형과 조화를 이루는 것이라 하였다. 오행은 음식의 색과 맛, 인체를 주관하는데 목(木)은 신맛과 녹색으로 간에, 화(火)는 쓴맛 과 붉은색으로 심장에, 토(土)는 단맛과 황색으로 비장과 위에, 금(金)은 매운맛과 흰색으로 폐에, 수(水)는 짠맛과 검정색으로 신장에 해당된다. 오장의 편안함을 위 해서는 음식이 가지는 성질과 색, 맛을 잘 파악하여 자신에 맞는 섭생을 유지하는 것이 무엇보다 중요하다. 이는 '먹는 것이 곧 약이다. 음식은 약과 그 뿌리가 같다' 는 약식동원(藥食同源)과 같은 의미로 해석된다. 예부터 기력이 부족하고 몸이 지쳐 병이 들 때 보양식이나 인삼, 생강, 쑥 등 다양한 약재를 넣은 음식을 만들어 먹기도 하였다. 또한 약과, 약밥, 약주 등과 같이 '약'자를 넣은 음식들을 정성들여 만들어 먹어 마치 약과 같은 이로움을 얻고자 한 우리 선조들의 약식동원 의식이 엿보인다.

(5) 갖은양념으로 복합적인 맛을 즐긴다

양념(藥念)은 '먹어서 몸에 약처럼 이롭기를 염두에 둔다'는 의미로 음식을 만들 때 재료가 가지고 있는 좋은 향기와 맛은 그대로 살리고, 좋지 않은 맛은 억제시키기 위해 양념을 사용해 왔다. 주로 소금을 비롯한 간장, 된장, 고추장과 같은 콩을 발효시켜 양념으로 이용한다.

우리는 갖은양념을 사용하여 단맛, 신맛, 쓴맛, 짠맛이 어우러진 복합적인 감칠맛을 더욱더 즐긴다.

3) 대표적인 음식

한국음식은 주식으로 밥을 가장 중요시하며 육류보다는 채식 위주의 반찬이 많이 발달하였으며 특히 김치, 된장은 발효식품으로 맛뿐 아니라 건강에 유익함을 주는 우수한 음식이다. 후식이나 간식으로 떡과 한과, 음료 등이 다양하게 있다.

(1) 밥

밥은 무쇠솥이나 곱돌솥, 놋쇠솥, 오지밥솥 등에 쌀, 조, 보리, 밀 등을 물과 열을 가하여 익힌 것으로 주로 '사발'(주발)에 담아서 먹었다. 밥은 먹는 사람의 신분에 따라 하층민은 끼니, 일반 백성은 밥, 양반은 진지, 왕은 수라라고 불렀다. 한강 이북의 산악지역에서는 좁쌀, 수수, 기장, 팥, 콩 등을 쌀에 혼합하여 먹었고 한강 이남지역에서는 주로 보리쌀을 섞어 밥을 지었다.

특히 동해안 산악지대에서는 옥수수 등을 주로 쌀과 혼합하여 주식으로 삼았으며 감자, 고구마가 유입된 이후로는 감자밥이 주종을 이루었다. 그러나 상류층의

'밥' 문화에서는 주로 쌀밥이 주종을 이루었고 기호에 따라 약간의 잡곡을 혼합하여 먹었다.

▲ 가마솥

(2) 죽

죽은 곡물로 만든 음식 가운데 가장 오래된 음식이다. 농경문화가 시작될 무렵 인류는 토기에다 물과 곡물을 넣어 가열한 죽을 만들어 먹었다. 우리나라는 조반석죽(朝飯夕粥)이 일반화되었으며 죽은 가난한 사람들에게 적은 양의 곡물로써 많은 사람의 허기를 메울 수 있는 대표적인 음식이었다. 어떤 재료를 혼합하였느냐에 따라서 다양한 죽이 된다. 현대에 들어서 기호식품 또는 아침식사대용으로도 즐겨 먹는다.

(3) 떡

떡은 오래전부터 밥 대신에 먹을 수 있는 상용 주식으로 애용되었으며 의례나 제례에 빠져서는 안 되는 전통음식이다.

떡은 만드는 방법과 넣는 부재료에 따라 그 종류가 200여 종에 이른다. 떡의 종류는 찌는 떡, 치는 떡, 지지는 떡, 빚는 떡으로 구분된다. 찌는 떡은 시루떡, 설기, 송편, 증편 등이 있고 치는 떡으로는 절편, 인절미 등이 있으며 지지는 떡은 화전, 주악, 부꾸미 등이 있고 빚는 떡으로는 단자, 경단 등이 있다.

(4) 국수와 만두

국수는 생일이나 혼인, 회갑 등 잔치 때는 손님 접대 시 주식으로 차리고 평상시에는 별식으로 먹어 왔다. 국수는 곡물이나 전분의 재료에 따라 밀국수, 메밀국수, 녹말국수, 칡국수 등이 있으며 그 외 따뜻한 장국의 온면, 찬 육수나 동치미 국물에 먹는 냉면, 장국에 말지 않는 비빔국수, 밀가루나 메밀가루를 반죽하여 얇게 밀어 칼로 썬 칼국수, 메밀가루에 밀가루나 전분을 섞어 반죽하여 국수틀에 눌러 뺀 냉면 등이 있다.

만두는 원래 중국음식이지만 그 조리방법과 내용은 다르게 발달하여 왔다. 만두는 설날에 떡국과 함께 차례상에 올려 제례음식으로도 일반화되었다. 만두는 껍질의 재료나 모양, 삶은 방법에 따라 그 종류가 다양하다. 만드는 재료에 따라 밀만두, 메밀만두, 어만두, 처녑만두 등이 있고 빚은 모양에 따라 사각모양의 편수, 해삼모양의 규아상, 골무처럼 작게 빚은 골무만두, 석류모양의 석류만두, 큼직하게 빚은 대만두, 작게 빚은 소만두 등이 있다.

(5) 국(탕)

한식의 밥상은 밥과 국, 그리고 반찬으로 구성되는데 밥과 국은 가장 기본이 된다. 특히 우리나라 사람들은 국물이 있는 탕이나 국을 즐겨먹는 편이다. 국에는 재료에 따라 다양하며 채소류를 이용한 콩나물국, 무국, 미역국, 된장국 등이 있고 쇠고기의 양지머리나 사태를 넣고 끓인 곰탕, 설렁탕, 육개장, 추어탕 등 그 종류가 다양하다.

국에다 밥을 만 음식을 탕반(湯飯) 또는 장국밥이라 하는데 예부터 전쟁터나 노역장, 행사 때 많은 사람들의 식사로서 안성맞춤이었다. 개화기에 들어 장국밥집이 많이 생겨났으며 조선시대 풍속화의 주막이나 장터에서 큰 가마솥을 걸고 국밥을 떠

주는 주모의 모습을 흔히 볼 수 있다.

(6) 너비아니

쇠고기를 얇게 저며 갖은양념에 재운 후 석쇠를 이용하여 숯불에 굽는 음식이다. 북방민족이 즐겨먹던 '맥적(貊炙)'이 그 원조라 할 수 있다. 외국인들이 특히 좋아하는 한국의 대표적 음식이다.

불고기의 어원인 맥적은 맥족(貊族: 중국인들이 몽골을 비하한 오랑캐란 뜻)의 부침개(炙)처럼 구운 음식이란 뜻이다.

우리나라에서는 통일신라시대 이후 불교의 영향으로 육식을 금해 오다가, 고려 말엽 몽골족의 지배 아래 들어가게 되면서 다시 육식을 즐기게 되었다. 특히 몽골 사람이 많이 머물던 고려의 수도 개경(開京)에서는 맥적이 '설하멱적(雪下覓炙)·설리적(雪裏炙)·설야적(雪夜炙)' 등의 이름으로 되살아나서 이것이 지금의 불고기로 이어지고 있다.

선사시대의 원시인들은 짐승을 잡으면 날고기를 그냥 뜯어 먹다가, 점차 고기를 말려서 오래 두고 먹는 법을 알게 되었고, 인류가 불을 이용하게 됨으로써 본격적인 요리의 역사가 시작되었을 것이다. 처음에는 고기를 꼬챙이에 꿰어 모닥불에 직접 굽다가, 돌판 위에 올려놓고 굽게 되었고, 석쇠에 올려놓고 굽는 과정을 거쳐 번철이나 불판을 이용하는 오늘날의 요리법이 나오게 되었다.

(7) 비빔밥

골동반(汨董飯)이라고도 하며 골동(骨董)은 여러 재료가 고루 섞여 있는 밥이라는 뜻이다. 〈동국세시기〉에 섣달 그믐날 저녁에 남은 음식은 해를 넘기지 않는다 하여 비빔밥을 만들어 먹었다고 한다. 또한 제사 후 비빔밥을 즐겨 먹은 것은 제를 마친 후 음복해야 하는 풍습에 따라 밥, 나물, 적 등 여러 제찬을 한 그릇에 함께 담아 먹다 보니 자연히 섞여서 비벼 먹게 된 것에서 유래되었다고 한다.

정성들여 기른 콩나물과 오래 묵은 간장과 고추장이 별미인 전주의 비빔밥, 여러 가지 나물을 넣는다 하여 화반(花飯)이라 불리는 진주비빔밥, 경상도의 헛제사밥이 대표적인 비빔밥이다.

▲ 비빔밥

(8) 구절판

구절판은 원래 그릇의 이름으로 아홉 칸으로 나누어진 그릇을 의미하며 구절판에 담는 음식의 이름은 밀쌈이다. 밀전병을 얇게 부쳐서 달걀지단, 쇠고기, 버섯, 오이, 당근 등의 채소를 싸서 먹는 음식으로 밀전병 안에 들어 있는 노랗고 푸르고 붉고 희고 검은 오방색이 비쳐야만 잘 된 밀전병이다.

구절판은 오색의 화려함과 다채로운 음식으로 교자상이나 주안상에 올려 전채음식으로도 이용되었다.

우리나라 사람은 예부터 구(九)를 재수가 좋은 숫자로 여겼다. 구는 모든 것을 의미하며 구족(九族)은 모든 백성, 구중천(九重天)은 우주를 각각 뜻한다.

구절판의 구는 모두를 갖추었다는 완전을 의미한다.

(9) 빈대떡

녹두를 물에 불렸다가 맷돌에 갈아 부친 것으로 '녹두지짐' 또는 '지짐이'라고도 한다. 지짐은 묽은 가루반죽에 섞어 기름에 지져내는 음식을 말한다.

빈대떡이라는 말의 유래에 대해서는 여러 가지 설이 있다. 빈대처럼 납작하게 만들었기 때문이라는 단순한 주장에서부터 옛날 서울에서 잘사는 사람이 떡을 해서 하인으로 하여금 수레에다 싣고 다니며 거리에서 가난한 사람들, 즉 빈자(貧者)들에게 나누어주었다는 데서 나왔다는 주장도 있다. 하지만 가장 널리 안정되는 것은 중국떡의 병자(餅者)로부터 유래된 것으로 본다.

(10) 장

장(醬)에는 콩을 발효시킨 두장(豆醬), 육류로 만든 육장(肉醬), 생선을 만든 어장(魚醬)이 있다. 육장, 어장은 중국에서 널리 이용된 반면 두장은 고대 만주 지역에 거주하던 고구려의 뿌리가 되는 맥족에 의해 콩이 재배되고 한반도로 전해져 우리 조상이 만들어낸 우리 고유의 발효식품으로 삼국시대 이전부터 발달했을 것으로 추측되며 이는 중국에까지 널리 퍼지게 된 것으로 본다.

삼국사기에 신문왕 폐백품목으로 나오는 시(豉)는 메주의 원형으로 낱알로 발효시킨 낱알 메주이다. 이를 소금물에 우려내어 조미료로 이용하였던 것이 간장으로 추측된다.

장은 사용되는 콩, 발효 정도, 소금의 양, 숙성 중의 관리 등에 따라 그 맛이 결정된다. 간장은 짠 장을 뜻하고 된장은 되직한 장을 말한다. 청국장은 삶은 콩을 짚을 이용하여 납두균에 의해 2-3일간 발효시켜 먹을 수 있는 장으로 영양 손실이 적어 건강에 이롭다. 고추장은 고춧가루, 메줏가루, 곡물가루, 소금을 혼합하여 숙성시킨 것으로 간장, 된장과 더불어 한국의 음식에 빠져서는 안 되는 대표적인 발효 양념이다.

어떤 곡류로 담그느냐에 따라 찹쌀고추장, 밀가루고추장, 보리고추장, 고구마고추장 등으로 나뉜다.

▲ 장독대

▲ 메주 띄우기

(11) 장아찌

채소를 간장, 고추장, 된장 등에 넣어 저장해 두었다가 그 재료가 귀한 철에 먹는 찬으로 장과(醬瓜)라고도 한다. 주로 마늘, 마늘종, 깻잎, 무, 오이, 더덕 등을 많이 사용하여 만든다.

오래 저장하지 않고 바로 만든 장과는 갑장과 또는 숙장과라고 하여 오이, 무, 열무 등을 잘게 썰어 절여 물기를 뺀 다음 양념하여 볶는다.

(12) 젓갈

어패류를 소금에 절여서 만든 저장식품으로 숙성과정에서 어패류의 단백질이 분해되어 독특한 맛과 향을 낸다. 젓갈은 그대로 찬으로 먹기도 하지만 음식의 맛을 내거나 김치를 담글 때 넣기도 한다. 새우젓, 멸치젓은 주로 김치의 부재료로 사용되며 오징어젓 · 명란젓 · 창란젓 · 어리굴젓 등은 찬으로 먹는다.

식해(食醢)는 어패류를 곡물과 엿기름을 섞어서 고춧가루, 파, 마늘, 소금 등으로 양념하여 만든 저장 발효음식으로 가자미식해 · 동태식해 · 도루묵식해 등이 대표적이다.

(13) 김치

김치는 인류의 농경 시작과 함께 곡류가 주식으로 된 이후부터 먹기 시작한 음식이다. 저장이 불가능한 채소류를 소금에 절이거나 장 · 초 · 향신료 등과 섞어 두어 새로운 맛과 향이 생기도록 한 것이 김치류이다.

김치는 '채소를 소금물에 절인다'고 하여 침채(沈菜)라 하였으며 오늘날의 붉은 배추김치는 16세기경에 들어온 고추가 보편적으로 사용하기 시작한 18세기 이후이다. 김치 맛은 그 고장의 기온과 습도에 따라 사용되는 소금의 농도와 젓갈에 따라 달라진다. 북부지방은 여름이 짧고 겨울이 길어 싱겁고 담백하게 담가 채소의 신선미를 보존하고 남부지방은 기온이 북부지방보다 높아 짜고 맵게 담가 변질이 잘 되지 않도록 한다. 사용하는 젓갈에 따라 김치 맛이 달라지는데 중부지방에서는 새우젓, 추운 지방에서는 삭은 젓갈을 사용하고 더운 남부지방에서는 달여 사용한다. 특히 젓갈은 김치의 맛뿐만 아니라 단백질, 칼슘 등 김치에 부족하기 쉬운 영양분을 보충해 준다.

김치는 그 지방에서 많이 생산되는 특산물, 해산물 및 첨가되는 부재료에 따라 맛이 다르고 김치의 색상과 김치의 숙성도가 달라져 그 지방의 특징적인 김치 담그는 법이 독특하게 이어져 내려오게 되었다. 일반적으로 흔히 먹는 김치류는 배추김치, 깍두기, 보쌈김치, 백김치, 열무김치, 오이소박이, 나박김치 등을 들 수 있다.

김치와 김장 담그는 문화는 2013년 유네스코 세계인류무형문화재로 지정받았다. 도시화와 서구화에도 불구하고 가족 및 친지들이 모여 함께 만드는 김장은 한국인의 정체성을 알 수 있는 문화로 긴 겨울을 나기 위한 선조들의 창의성과 독창성 그리고 공동체의 협력 및 결속을 다지는 기회를 제공함이 문화재로 인정받은 이유이다.

(14) 술

술은 전통적으로 밀가루로 만든 누룩을 이용하여 빚었다. 삼국시대의 술 빚는 기술은 매우 발달하였다. 곡물과 누룩, 물로 빚은 술을 맑게 걸러낸 것을 청주 또는 약주라 하고 나머지 술에 물을 보태어 주물러 걸러낸 술을 탁주라 한다. 막걸리는 체에 마구 걸렀다고 하여 붙여진 이름으로 탁주·농주·백주 등으로도 불린다. 소주는 일단 빚은 술을 증류시켜 만든 것이고 그 외 꽃잎이나 향료를 이용하여 빚은 가향주, 과실을 이용한 과실주 등이 있다.

각 지방의 기후와 풍토에 맞는 술을 다양하게 개발하여 집에서 직접 빚은 전통주, 향토주도 발달하였는데 평양의 문배주, 경주의 법주, 서울의 송절주, 한산의 소곡주, 김제의 송절주, 안동의 소주, 진도의 홍주, 경기도의 동동주, 전라도의 이강주 등이 있다.

(15) 한과

농경의 발달과 더불어 불교문화가 번성하던 신라시대부터 후식 외에 제례, 혼례, 연회 등에 필수적으로 오르는 음식이었다. 특히 고려시대 들어와 차 마시는 풍습이 확산되면서 한과가 성행하게 되었다. 이는 중국에까지도 널리 알려지게 되었다.

한과는 만드는 방법에 따라 유밀과류 · 강정류 · 산자류 · 다식류 · 정과류 · 숙실과류 · 과편류 · 엿강정류 · 엿류 등으로 나눈다.

▲ 한과

유밀과는 밀가루, 기름, 꿀로 반죽하여 기름에 튀긴 것으로 매작과, 약과 등이 있다. 불교와 함께 인도에서 유래된 것으로 보인다. 강정류는 물에 삭힌 찹쌀을 빻아 반죽하여 튀긴 것을 말하며 크기가 큰 것은 산자, 손가락 굵기는 강정이라 한다. 다식은 가루재료를 꿀이나 조청으로 반죽하여 다식판에 박아내는 것으로 가루 재료에 따라 송화다식, 흑임자다식, 녹발다식, 밤다식 등이 있다. 정과는 식물의 뿌리 또는 열매를 데쳐 꿀을 넣고 조린 것을 말한다. 숙실과는 식물의 뿌리 또는 열매를 데쳐 꿀을 넣고 조린 것 가운데 원래 모양대로 꿀에 조린 것은 '초', 재료를 다져서 꿀을 넣고 조린 후 다시 원 모양으로 빚은 것은 '란'으로 구분된다. 밤초, 대추초, 율란, 조란, 생강란 등이 있다. 과편은 신맛이 나는 과실을 끓여 녹말 전분을 넣어 굳힌 것으로 앵두편, 살구편, 오미자편 등이 있다.

엿강정은 콩이나 견과류, 쌀이나 찹쌀 튀긴 것을 엿으로 버무려 만든 것으로 대표적으로 콩엿강정, 땅콩엿강정, 쌀엿강정 등이 있다. 특히 엿은 쌀, 찹쌀, 조, 수수, 옥수수 등의 곡물을 삭혀서 만든 것으로 엿의 묽기 정도에 따라 조청, 갱엿이라 하고 갱엿을 굳기 전에 여러 차례 잡아 늘인 것은 흰엿이 된다. 강원도는 옥수수엿, 경상도는 호박엿, 충청도는 무엿, 전라도는 고구마엿과 쌀엿, 제주도는 꿩엿 등 지역별로 각기 특색있는 엿을 만들어 왔다.

(16) 음청류

술을 제외한 기호성 전통음료를 총칭하여 음청류(飮淸類)라 한다.

재료와 만드는 방법에 따라 그 종류가 다양하다. 과일즙이나 꿀물, 오미자물에 건지를 띄운 화채류, 쌀밥을 엿기름물에 당화시킨 식혜, 생강이나 계피를 끓여 단맛을 낸 수정과, 꿀물에 떡을 띄운 수단이나 원소병, 쌀이나 곡물을 쪄서 말려 볶은 가루를 꿀물에 타서 마시는 미수 등이 있다.

한국의 음청류는 단군시대 이후부터 잎차와 오미자, 구기차, 오가피 등을 볶아 달여 마셨다고 알려져 있으며 신라시대의 숭불정책으로 차(茶)를 음료로써 본격적으로 마시기 시작하였고 고려에 들어와서는 전성기를 이루었다.

반면에 조선시대에 들어와 유교가 숭배됨에 따라 차(茶)문화도 쇠퇴되었다. 그 대신 숭늉이 대중적인 음료가 되었으며 또한 음청류도 크게 발달하였다.

음청류는 후식 외에 장국상이나 잔칫상에 빼놓을 수 없는 필수품목이었다.

4) 전통음식의 상차림

상차림이란 한 상에 차려놓은 주식 및 반찬의 종류와 가짓수, 배열방법을 말하는 것으로 한국의 상차림은 조선시대 유교를 바탕으로 규범이 중시되던 때에 체계화되고 완성되어 오늘날까지 지켜지고 있다.

상차림은 평상시에 차려지는 일상식(日常食)과 통과의례와 같은 특별한 날에 차려지는 의례식(儀禮食), 명절이나 계절에 따라 차려지는 시절식(時節食)으로 구분한다.

(1) 일상식

일상식은 사람이 생활하며 매일 먹는 밥상으로 주식이 따라 곡물을 주로 하는 반상, 장국상, 죽상이 있고 특별한 날 손님을 청하여 대접하는 교자상, 주안상, 다과상이 있다.

반상은 밥, 국(탕), 김치를 기본으로 차리는 밥상이다. 뚜껑이 있는 반찬그릇을 첩이라 하여 밥, 국, 김치, 장, 조치(찌개), 찜, 전골 등을 제외한 반찬 그릇 수에 따라 3 · 5 · 7 · 9 · 12첩 반상으로 나뉜다. 주로 3첩은 서민층, 5첩은 여유가 있는 서민층, 7첩과 9첩은 양반층, 12첩은 수라상이라 하여 임금님만 드실 수 있었다. 그릇도 용도에 따라 부르는 이름이 달랐는데 국을 담는 바리, 김치를 담는 보시기, 반찬을 담는 쟁첩, 간장, 고추장을 담는 종지 등이 대표적이다.

장국상은 국수, 만두, 떡국 등을 주식으로 차리는 상으로 면상이라고도 한다. 장국상은 점심 또는 간단한 식사 때 주로 차려지는 상이다. 반찬으로 전유어 · 잡채 ·

▲ 12첩반상

편육 · 찜 · 김치 등을 올린다. 각종 떡류나 한과 · 생과일 등을 곁들이기도 하며 식혜 · 수정과 · 화채 중에서 한 가지를 놓는다.

죽상은 죽, 응이, 미음 등을 주식으로 하는 상차림이다. 보양식 또는 궁에서 아침에 탕약을 드시지 않는 날 초조반(初朝飯)이라 하여 간단히 차리는 상이다. 죽은 재료에 따라 흰죽, 잣죽, 낙죽(우유죽), 흑임자죽 등이 있으며 반찬으로는 어포, 육포, 자반 등의 마른 찬과 나박김치나 동치미와 같이 맵지 않은 국물김치를 곁들여 낸다.

주안상은 술을 대접하기 위해 술과 안주가 되는 음식을 차리는 상이다. 안주로는 포나 마른안주를 낸 다음 전골이나 찌개 · 전유어 · 잡채 · 편육 · 김치 등을 상에 올린다. 술을 거의 들고 나면 주식으로 면이나 떡국 등을 준비하여 올리고 식사를 모두 마치면 조과 · 생과 · 화채 등의 후식을 조금 준비한다. 다과상은 다과가 중심인 상차림으로 평상시 식사 이외의 시간에 다과만을 대접하는 경우와 주안상이나 장국상의 후식으로 내는 경우가 있다. 차리는 음식의 종류와 가짓수는 차이가 있으나 떡류, 조과류, 생과류와 음료 등을 골고루 계절에 맞게 정성껏 준비하여 올린다.

교자상은 잔치나 경사가 있을 때 여러 사람을 함께 대접하는 상차림으로 장방형의 큰상이나 둥근상에 차린다. 주식은 장국상과 같이 면류 중에서 계절에 맞게 올리고 반찬으로는 탕 · 전유어 · 편육 · 회 · 적 · 겨자채 · 잡채 · 구절판 · 신선로 등을 올린다. 음식을 다 들고 나면 다과상을 낸다. 술과 밥을 먹도록 차리는 교자상을 얼교자상이라 하며 이때 술과 안주를 먼저 내고 진지를 들 때 따로 찬과 탕을 올린다.

(2) 의례식

의례식은 사람이 일생을 지내는 동안 치르는 의식을 통과의례라 하여 의례 때 의식과 함께 차려지는 음식을 말한다. 통과의례에는 출생 · 삼칠일 · 백일 · 돌 · 관례 · 혼례 · 회갑 · 회혼례 · 상례 · 제례 등이 있으며 동양 문화권에서는 인륜대사라 하여 관혼상제를 사례(四禮)라 하여 특히 중요시하였으며 의례에 차려지는 음식은 기원 · 복원 · 기복 · 존대의 뜻을 갖는다. 사례에 대해 알아보면 다음과 같다.

관례는 오늘날의 성인식을 말하는데 어른이 되는 의례로 복색을 어른 옷으로 입고 머리는 상투를 틀어서 갓을 쓰는 의식을 말한다. 여자의 경우는 계례라 하여 시집가기 전 머리를 쪽찌고 비녀를 꽂는 예가 있다. 관례 때는 술, 과일, 포, 식혜 등으로 사당에 차려 예를 올렸다.

혼례는 남녀가 부부가 되었음을 알리는 의례로 신랑 신부가 혼례를 올릴 때 차리는 상을 초례상 또는 교배상이라 한다. 먹는 음식으로는 떡과 과일류 외에는 차리지 않고 쌀·팥·콩 등의 곡물과 대나무, 사철나무를 놓는다. 잔치에 온 손님들에게 장국상을 마련하여 접대한다. 특히 신랑집에서 신부집에 함을 보낼 때 신부집에서 봉치떡(봉채떡)을 준비한다. 봉치떡은 팥을 넣은 찹쌀시루떡을 두 켜 놓고 떡 중앙에 대추 7개를 방사형으로 올린다. 떡을 두 켜 올리는 것은 부부 한쌍을 상징하며 팥은 화를 피하고 찹쌀은 부부금실이 찰떡처럼 잘 화합되고 대추는 자손번창을 기원하는 의미를 갖는다.

▲ 봉치떡 ▲ 전통혼례

상례는 부모님이 수를 다하여 돌아가시면 자손들이 경건하고 엄숙하게 예를 갖추어 장사 지내는 것을 말한다.

제례는 돌아가신 조상을 추모하는 의식으로 매년 돌아가신 분의 기일에는 제상을 차리고 설날·추석·돌아가신 분의 생신날에는 차례상을 차린다. 차리는 제물과 상 위에 음식을 차리는 법은 가문이나 지방에 따라 다르다. 일반적으로 제사에 올리는 제물은 술, 과일, 포가 기본이며 그 외 떡과 메(밥), 갱(국), 적, 전, 침채, 식혜 등 찬물을 올린다. 제사나 차례를 올린 후 제사에 쓴 술이나 음식을 온 가족이 먹는 음복(飮福)은 조상이 먹은 제물을 받아먹음으로써 조상의 복덕을 물려받는다는 의미를 담고 있다. 제사에 참석한 가족들이 모여서 제사에 올린 음식과 술을 나누어 먹음으로써 가족의 일체감을 형성하는 의미도 담고 있다.

(3) 시절식

사계절이 뚜렷한 우리나라에는 명절과 춘하추동 계절에 나는 새로운 음식을 즐기면서 재앙을 예방하고 몸을 보양하며 조상을 숭배하는 풍습이 있다.

매달 들어 있는 명절에 차려먹는 음식을 절식(節食), 춘하추동 계절에 따라 나는 식품으로 만드는 음식을 시식(時食)이라 한다.

명절은 단일(端一), 단삼(端三), 단오(端五), 칠석(七夕), 중구(重九)와 같이 홀수이면서 같은 숫자로 되는 날 즉 1월 1일 설날, 3월 3일 삼짇날, 5월 5일 단오, 7월 7일 칠석, 9월 9일 중양절을 최대 명절로 여겨왔다. 요즈음은 설날, 단오, 추석을 3대 명절로 꼽는다. 설날에는 떡국, 전, 적, 한과, 과일 등으로 차례를 지내고 온 가족과 함께 새해의 기쁨을 나눈다. 단오는 수릿날 또는 천중절이라고도 하여 수리취떡(쑥의 일종), 제호탕(음료의 일종), 증편, 앵두화채, 준치만두, 준치국 등을 즐긴다. 음력 8월 15일 추석은 한가위라고도 하며 우리의 최대 명절로 햇곡식과 햇과일로 조상께 차례를 지내고 송편, 토란탕, 화양적, 누름적, 닭찜, 배숙, 송이산적, 송이찜 등을 먹는다.

5) 궁중음식

신분 질서를 기반으로 하는 고려나 조선시대에는 계층마다 향유하는 음식문화가 달랐다. 유교를 바탕으로 하는 조선 초기부터 임진왜란 이후 군자의 생활도리는 '존

천리거인욕(存天理去人欲)' 즉, 하늘의 이치대로 따르고 사람의 욕심을 버리고 살아야 한다는 것이었다. 또한 '음식지도(飮食之道)'라 하여 군자가 매일 먹는 음식에도 도리가 있다 하여 과식이나 미식, 탐식을 경계할 것을 강조하였다. 고려 말과 조선시대의 궁중음식에서 왕에게 올리던 밥상을 높여 부르는 말을 '수라'라 하고, 수라상에는 수라, 탕, 조치, 찜, 전골, 침채, 장류와 찬품(반찬) 12종류로 12첩 반상으로 차려졌다고 전해지고 있지만 '음식지도'를 손수 실천해야 할 임금의 밥상이 그보다는 소박했을 것으로 보는 이도 있다.

궁중음식은 고려 말과 조선 초기에는 〈경국대전〉, 조선시대는 〈진찬의궤〉, 〈진연의궤〉, 〈왕조실록〉 등의 문헌을 바탕으로 재연되어 온 것이 대부분이다. 궁중음식은 각 지방에서 들어오는 진상품을 가지고 조리기술이 뛰어난 주방 상궁과 숙수들이 만든 것으로 우리 음식의 정수라고 할 수 있다. 계절에 처음으로 나온 식품을 종묘에 올려 제사를 지내고 그것으로 음식을 만들어 왕께 올렸다. 대표적으로는 잉어와 닭으로 만든 용봉탕, 도미면, 게찜, 삼색전, 겨자채, 누름적, 미나리강회, 매작과, 앵두화채 등이 있다.

6) 향토음식

삼면이 바다인 우리나라는 남북으로 길게 뻗어 남과 북의 기후차가 현저하므로 곳곳의 산물이 달라 지역마다 서로 다른 전통음식이 발달하였다. 북쪽 지방은 여름이 짧고 겨울이 길고 산이 많아 밭농사를 주로 하여 잡곡의 생산이 많아 잡곡밥을 주로 먹고 음식의 간이 남쪽에 비하여 싱거운 편이고 매운맛은 덜하다. 음식의 크기도 큼직하고 양도 푸짐하게 마련하여 그 지방 사람들의 품성을 나타내준다. 반면에 남쪽지방으로 갈수록 음식의 간이 세어 매운맛도 강하고 양념과 젓갈을 많이 쓴다. 서해안에 면해 있는 중남부 지방은 쌀농사를 주로 하므로 쌀밥과 보리밥을 먹게 되었다. 지역별 대표음식으로는 서울의 설렁탕 · 장김치, 경기도의 조랭이떡국 · 비늘

김치, 강원도의 감자밥·오징어순대, 충청도의 청국장·용봉탕, 전라도의 홍어찜·갓김치, 경상도의 진주비빔밥·재첩국, 제주도의 자리물회·빙떡, 황해도의 김치말이, 함경도와 평안도의 냉면 등이 있다.

7) 식사예절

전통적인 식사예법은 어른에 대한 공손함, 음식의 존귀함을 내세우는 경우가 많다. 식사예법에 관한 옛 문헌 중 1700년대 이덕무의 〈사소절〉에서는 식사 전, 식사 중, 식사 후로 나누어 설명하고 있는데 "식사 전에는 얼굴과 손을 깨끗이 씻고 음식을 대하여야 하며, 아무리 바쁜 일이 있더라도 밥상이 나오면 즉시 들어야 한다. 지체해서 음식이 식거나 먼지가 앉게 해서는 안 되며, 다른 사람과 함께 식사를 같이할 경우 먼저 먹지 못하고 기다리게 해서는 안 된다. 또한 아무리 성낼 일이 있더라도 밥을 대했을 적에는 반드시 화를 가라앉혀 화평한 마음을 가져야 한다. 소리를 지르지 말고, 숟가락과 젓가락을 왈칵 놓지 말고, 한숨 쉬지도 말라. 밥이나 국이 아무리 뜨거워도 입으로 불지 말고, 음식을 먹을 때에는 싫은 것처럼 너무 느리게 씹지도 말고, 쫓기는 것처럼 너무 급하게 씹지도 말며, 젓가락으로 밥상을 두드리지 말고, 숟가락이 그릇에 부딪혀 소리 나지 말아야 한다. 식사가 끝나면 반드시 수저를 정돈하고 수시로 이쑤시개를 가지고 이를 쑤시어 이에 낀 찌꺼기를 제거함으로써 입 냄새를 없애고 벌레 먹는 것을 방지해야 한다"라고 언급하였다.

특히 우리나라의 전통 상차림은 독상을 기본으로 하며 식사할 때에는 상이 들어오면 감사의 마음을 표하고 자기 앞으로 상을 가까이 한 뒤 휘건을 무릎에 편 뒤 수저를 든다. 밥상에서 지켜야 할 예절은 다음과 같다.

√ 음식 그릇 위에 머리를 지나치게 숙이지 않고 음식을 입에 넣을 때마다 그릇에 가까이 대지 않는다.

√ 국은 소리 내지 않고 수저로 떠서 먹으며 반찬을 골고루 먹는다.

√ 숟가락과 젓가락을 한 손에 겹쳐 들지 않는다. 음식을 다 먹었으면 수저를 가지런히 오른쪽에 놓는다.

√ 밥은 앞쪽에서부터 깨끗이 먹고 반찬은 뒤적거리지 않도록 한다.

√ 국물을 먹을 때는 그릇째 들고 마시지 않도록 하며 자기 앞에 개인접시가 있을 때는 음식을 먹을 만큼 덜어 먹는다.

√ 식사 후 이쑤시개를 사용할 때는 남에게 보이지 않도록 한다.

√ 둥근상으로 식사할 경우, 자리에서 먼 곳의 반찬은 옆사람에게 전해 받도록 하며 자기 앞 음식을 옆사람에게 권하면서 먹는다.

√ 겸상할 경우 손윗사람이 수저를 든 뒤에 자기 수저를 들며 끝날 때도 어른보다 먼저 수저를 놓지 않는다. 먼저 끝났을 때는 주발(밥그릇)에 수저를 걸쳐 놓았다가 어른을 따라 수저를 상 위에 놓는다.

2. 눈으로 먹는 일본

1) 음식문화의 형성배경

동북아시아에 자리 잡고 있는 일본은 니혼(Japan)이라 불리며 홋카이도 · 혼슈 · 시코쿠 · 규슈의 4개의 큰 섬으로 이루어져 있고 남북한 전체면적의 1.7배에 해당하며, 약 70~80%가 산간지역으로 이루어져 있으며 평야가 적고 지역차가 현저하며 수도는 도쿄이다.

2600년 전부터 문호를 개방하고 3세기경부터 중국, 한국과 문물을 교류하였다. 일본문화의 기반은 신도신앙(민족신앙)과 불교인데 이는 일본인의 생활양식과 식생활 전반에 많은 영향을 주었다.

대부분의 지역은 해양성의 온난한 기후이고 남북으로 길어서 아열대에서 한대로 남북 간의 차이가 크며 사계절의 구분이 뚜렷하다. 각각의 계절
마다 수확된 식품의 이용이 다양하고 과학적인 품질개량과 새로
운 농경작법으로 양질의 쌀과 곡류, 채소, 과일을 풍부하게 생산
하며 여러 가지 조리법이 발달하였다.

중국과 한국으로부터 전파된 문화의 영향으로 대륙 음식문화
의 영향과 북태평양 서안 어장을 끼고 있고, 섬나라의 특성상 풍부한 어장을 가지고
있으므로 생선을 다양하게 이용하여 식탁을 풍요롭게 만들고 있다.

지형적인 특징으로 대륙의 음식문화의 유입이 적극적이지는 못했지만 오히려 독
특한 식문화 형성을 발전시킬 수 있었다.

2) 음식문화의 특징

일본음식은 중국과 유사한 점이 많다. 당나라, 한국
의 불교가 전래되면서 일본인의 식문화에 큰 영향을 주
어 오랜 기간 특히 귀족들의 육식 금기와 미신이 널리
퍼졌었고 근대화의 계기가 된 메이지 유신 이후 육류요
리가 발달하였으며 스페인, 포르투갈 등 서양의 영향을 받아 다양한 일본 식문화가
자리 잡게 되었다.

(1) 시각적인 면을 중요시한다

일본의 음식은 외형에 많은 노력을 아끼지 않으며 크기와 색깔, 모양이 다양한 그
릇의 사용이라 할 수 있다.

상차림에 있어서도 나뭇잎이나 꽃잎 등 자연적인 장식을 사용하여 음식의 식미를
향상시키기 위한 여러 가지 아이디어를 보여준다. 가능한 한 음식을 담을 때도 적은
양을 담아 여유 있는 공간을 두고 있다. 일본인들이 주로 차리는 정찬에서 그릇의 사

용을 보면 국은 뚜껑 있는 칠기그릇을 사용하며 날 음식은 깊이 있는 접시를 이용하고, 구이는 넓은 접시를 사용한다. 찜은 주로 뚜껑 있는 그릇을 사용하여 한 상에서도 조리법에 따라 각각의 그릇을 선보인다. 그릇의 종류 또한 도자기, 칠기, 죽제품, 유리 제품 등을 사용하여 공간적인 멋을 최대한 살리고 있다.

(2) 주식과 부식이 구별되어 있다

주식과 부식의 구별이 뚜렷하며 부식으로는 생선과 채소의 쓰임이 다양하다. 섬나라의 특성상 육식문화의 발달이 미비하여 단백질 식품의 보충으로 특히 콩을 이용한 식품이 발달하여 두부, 유부, 미소된장, 간장, 나토 등이 있다.

(3) 자연적인 맛을 즐긴다

계절적인 요리가 발달되어 있고, 자연 그대로의 맛을 즐기는 편이다. 음식의 간은 식품 자체의 향미를 중요시하여 진한 양념을 쓰지 않는 것이 특징이다. 특히 생선은 주로 날 생선을 회로 떠서 즐겨 먹어 생선 소비량이 세계 최고라 할 수 있다. '요리하지 않은 것이 최고의 요리'라고 여기며 다양한 해산물을 이용한 음식들도 선보이고 있다.

(4) 면류가 발달하였다

원래 중국으로부터 들어온 면류는 일본인의 식탁에서 사랑받는 중요한 음식이 되었다. 소바, 우동, 소면, 라면 등 굵기와 원재료에 따라 여러 가지가 발달되어 있으며 요리방법이나 온도에 따라 다양하게 있다.

3) 대표 음식

일본은 섬나라라는 지리적인 특징으로 생선을 이용한 음식이 많이 발달하였으며 주식으로 쌀을 이용한 음식을 비롯하여 여러 종류의 면류가 발달되어 있고, 강한 간을 한 음식보다는 식품 자체의 맛을 즐길 수 있는 담백한 음식이 주를 이룬다.

(1) 사시미 · 스시

사시미는 일본의 대표적인 전통 요리로 싱싱한 어육을 잘라 식재료 자체가 가지고 있는 맛을 최대한 살리는 데 역점을 두고 있다. 무엇보다도 신선한 재료의 선택이 중요하며 다양한 칼을 이용하여 생선을 어떤 모양과 크기로 자르는지가 맛에 중요한 영향을 주게 된다.

회 접시에 무를 썰거나 오이, 당근 등으로 모양내어 곁들인다. 담백한 맛의 흰살 생선부터 먹고 기름이 많이 함유되어 농후한 맛을 내는 붉은 살 생선은 나중에 먹는다. 통 사시미의 형태를 띤 스가다 모리와 되도록 얇게 썬 우스쯔구리가 있다.

스시의 원조는 5월에 잡은 붕어를 입으로 내장을 잘 빼내 소금으로 절이거나 소금에 절인 생선에 밥을 넣고 돌로 잘 눌러 한 달 정도 숙성시켜 잘라서 먹는 것인데 이것이 스시의 원조로 알려져 있다. 후나스시 즉 붕어스시는 강한 냄새와 신맛을 내는 것이 특징이다.

처음에는 붕어, 은어, 조개, 멍게, 정어리 등을 사용했지만 최근에는 채소, 가지, 죽순 등의 채소스시도 선보이고 있다. 노리마끼(김초밥), 니기리스시(생선초밥), 하꼬스시(상자초밥), 이나리즈스시(유부초밥), 지라시스시(비빔초밥) 등이 있다.

▲ 장어초밥

▲ 참치초밥

▲ 모둠초밥

▲ 사시미

▲ 사시미

▲ 노리마끼

(2) 덴뿌라

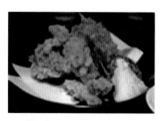

▲ 덴뿌라

일본의 모방문화를 대표할 수 있는 요리는 덴뿌라라는 튀김요리로 1550년에 포르투갈의 상인에 의해 소개되어 여러 가지 재료를 이용해 기름에 튀긴 음식인데 튀겼을 때의 튀김옷이 가볍고 바삭한 것이 특징이다. 튀김의 재료는 매우 다양하여 새우, 오징어, 생선, 고구마, 가지, 당근 등의 채소와 과일도 있다. 이러한 튀김 요리는 발전을 거듭하여 19세기 이후부터 돼지고기를 이용한 돈까스와 고로케 등 다양한 튀김 요리가 생겨났다.

(3) 소바 · 우동 · 라멘

중국으로부터 전해진 일본의 면류는 그 재료와 조리법에 따라 다양하게 나뉜다. 소바는 메밀을 재료로 해서 만든 것이며 밀가루에 비해 점성은 떨어지지만 밀가루를 조금 섞어 반죽하면 면으로써 손색이 없다. 또한 국물의 농도도 차이가 있어 소바는 진한 편이며 우동은 연한 맛이 어울린다.

일본의 면 문화를 살펴보면 서쪽지역은 온난한 기후 때문에 밀의 재배가 적합하여 우동 문화권이라 하여 '국물에 말아 먹는 문화권', 동쪽지역은 한랭한 기후 때문에 메밀이 잘 자라 소바 문화권이라 하여 '국물에 적셔 먹는 문화권'으로 분류하기도 한다.

면을 먹는 방법에 따라 따뜻한 국물이 있어 입으로 불면서 천천히 즐기는 '가케'식과 면을 차게 하거나 뜨겁게 하여 대나무 소쿠리에 담아 진한 국물에 적셔 먹는 '모리'식이 있다.

또한 일본인의 서민적인 음식으로 자리 잡은 라멘은 육수의 종류나 고명에 따라 다양하다. 우리나라에서 먹는 라면은 패스트푸드인 데 비해 일본의 라멘은 면을 튀기지 않은 생면을 사용하며 오랜 시간 고운 육수를 사용하므로 슬로 푸드라 할 수 있다. 조리법에 따라 그 명칭도 다양하다. 소유라멘(맑은 국물), 미소라멘(미소된장을 넣음), 시오라멘(소금을 넣음) 등이 있다.

▲ 야키우동

▲ 나베우동

▲ 일본식 튀김우동

(4) 돈부리

돈부리는 일본식 덮밥으로 밥 위에 여러 가지 재료를 올려 먹는 음식으로 한국과
는 달리 비벼 먹지 않는다. 바쁜 서민들이 간단하게 식사하기 위해 만들어져 유래된
음식으로 맛이 좋아 일본인들이 즐겨 먹는다.

그 종류도 다양하여 덴동(튀김을 얹음), 규동(쇠고기 양파조림을 얹음), 오야꼬동
(닭고기와 달걀을 얹음) 등이 있다.

(5) 스키야키

일본인들은 명치유신 이후 육식을 장려하여 쇠고기, 돼지고기, 닭고기, 고래고기

등의 육류 섭취가 증가되었는데 대표적인 일본의 육류요리인 쇠고기 냄비요리인 스키야키는 전골요리의 일종이라 할 수 있다. 얇게 썬 쇠고기와 각종 채소들을 냄비에 조리하여 익힌 후 날달걀을 푼 개인접시에 덜어 먹는 음식이다.

▲ 장어정식

▲ 고래고기

(6) 일본인의 여름 보양식

① 자라요리
일본의 온천물에서 자라를 키워 더운 여름 일본인이 최고의 보약으로 먹는 보양식이다. 자라를 죽으로 끓여 먹기도 한다.

② 장어구이
장어는 냉한 기운을 가지고 있으므로 여름철에 먹기 좋다. 양념장에 재워서 밥에 얹어서 즐겨 먹는다.

③ 고래고기

세계에서 고래 고기의 소비량이 가장 높은 일본은 아주 오랜 선사시대부터 먹기 시작했다고 기록되어 있다. 현재까지 30가지 이상의 고래고기 요리법이 알려져 있고 부위별로 모두 맛이 독특하다.

(7) 독특한 일본의 음식들

① 낫또

콩 발효식품으로 우리나라의 청국장과 비슷하다. 주로 일본에서는 아침밥과 함께 먹으며 대표적인 발효식품이다. 인스턴트로 포장하여 누구나 쉽게 구할 수 있으며 여러 가지 종류로 응용되어 개발되고 있다.

② 우메보시

매실 장아찌라고 불리며 일본식 김치라 할 수 있다. 이와 유사한 방식으로 여러 가지 재료가 있는데 다쿠앙, 랏교, 생강 등이 있다. 이 음식은 입안의 개운한 맛 때문에 다른 식품과 잘 어울린다.

▲ 우메보시

③ 오꼬노미야끼

한국의 해물파전과 비슷하며 일본에서는 지역에 따라 다양한 재료를 이용하여 철판에 밀가루 반죽을 넣어 구워서 먹는 영양이 듬뿍 들어 있는 음식이다. 우리나라에서도 오꼬노미야끼 전문점이 많이 생겨 즐길 수 있다.

▲ 오꼬노미야끼

4) 일본 전통요리

① 혼젠(本膳) 요리

혼젠 요리는 무사계층, 귀족, 다이묘(봉건영주)의 상차림으로 현재는 의례음식으로 남아 있다. 혼젠 요리는 일본의 신분제도를 나타낼 수 있는 호화로운 식사로 의식에 따라 제1밥상에서 제5밥상까지 있다. 또한 조리기술이나 맛보다는 상차림의 수나 요리의 규모를 더 중요하게 여기며 이는 신분의 차이, 사회적 위치, 지배계급의 과시로 막부의 위용을 나타내기도 하였다.

② 가이세키(懷石) 요리

다도에서 차를 내기 전에 간단히 먹는 식사로 '懷石'은 승려들이 공복의 허기를 달래기 위해 '품에 따뜻한 돌을 품었다'는 이야기에서 나왔으며 차를 마시기 전에 공복감을 참는다는 의미가 담겨 있다. 다도는 절제된 도를 추구하므로 가이세키 요리는 화려함을 지양한다. 식품 자체의 맛을 중요하게 여기며 자연과 인간의 일체감에 의미를 두고 간결하며 정갈함에 의미를 두고 있다.

③ 쇼진(精進) 요리

불교사상에 의해 발달한 요리로 막부시대에 불교의 장려와 함께 널리 퍼진 승려를 위한 요리이다. 불교에서는 살생을 금하므로 동물성 재료를 전혀 사용하지 않고 우리나라의 사찰음식처럼 채식 위주로 구성되어 있고 현재는 민간에도 널리 보급되어 일본인의 식생활에 영향을 미치고 있다.

④ 가이세키(會蓆) 요리

'會蓆'은 연회를 나타내는 의미이며 상인계급에서 발전한 요리로 에도시대 후반에 들어서면서 서민들의 향응요리로 정착되었다. 가이세키 요리는 엄격한 규칙이나 예법이 정해져 있지 않고 즐겁고 편안한 분위기에서 술과 음식을 즐기는 형식으로 오늘날 일본의 정식 상차림이라 할 수 있다.

일본 에도 요리의 향연 ● ● ● ● ●

일본의 에도시대(1603~1868)는 일본요리가 완성된 시기라 한다. 도시 상인들의 생활수준이 급격히 향상되고 예전의 요리문화를 집대성하고 중국과 서양의 것이 새롭게 받아들여지면서 일식이 완성된 시기로 짐작한다. 일본의 귀족적인 궁정요리, 사원풍의 회석요리, 서양의 서구요리, 중국 요리 등의 영향을 받아 이전의 식생활보다 더욱 다양성을 겸비하게 되었다.
한편, 막부의 정치에 의해 농경지의 확대, 농경기술 개발, 품종 개량, 어업기술의 발전, 식품가공의 진보로 식량생산은 증대되고 국민들의 식생활은 질적, 양적으로 풍부하고 다양한 식생활을 영위하게 되었다. 또한 이 시기의 가장 뚜렷한 일본요리의 변화는 조미료의 사용이다. 기존의 소금, 간장, 초 외에 일본 특유의 자연스러운 맛을 한층 돋보이게 하는 설탕, 다시마, 가다랑어포가 개발되면서 조리법에도 큰 변화를 가져왔다.

5) 식사예절

① 일본의 전통적인 식사 습관은 조식과 석식 2회였으나 메이지 시대 이후 19세기 말에 이르러 하루 3회로 정착되었다. 이 무렵의 식사방식은 가족이 모두 모일 때까지 기다렸다가 가장이나 연장자가 먼저 젓가락을 들면 '이타다키마스(잘 먹겠습니다)'라고 말한 뒤 먹는다

이것은 가족이 공동체임을 나타내는 것으로서 1940년대까지 대단히 엄격하게 지켜졌다. 식사 용구로는 전통적으로 상류계급에서는 다리가 달린 밥상이 사용되었고, 일반 가정에서는 개개인에게 정해진 네모난 상을 사용하였다. 그리고 메이지 시대에 들어서는 도시의 가정에서 밥상 대신 식탁이 사용되기 시작했다.

② 일본의 젓가락 사용

일본은 대체로 숟가락보다 젓가락을 주로 사용하였는데 기원전 3세기경 일본의

야요이(彌生) 시대에 중국으로부터 벼농사와 함께 전해졌다고 한다. 평소 젓가락을 사용하지 않는 문화권의 사람들에게 젓가락은 사용하기 어려운 작은 두 개의 막대기처럼 보이지만, 이 젓가락은 복합적인 기능을 지니고 있다.

우선 젓가락으로 음식 등을 누르거나 찌를 수 있다. 또 내용물을 건져낼 수도 있고, 물고기와 같은 연한 고기는 적당한 크기로 먹기 좋게 자를 수도 있다. 이 밖에 젓가락이 지닌 가장 큰 장점은 젓가락 사이에 어떤 것이든 끼워서 운반할 수 있다는 것이다.

그러나 일본의 젓가락 사용법 가운데 해서는 안 되는 것이 있다. 우선 무엇을 먹을까 젓가락으로 방황하는 행위, 요리를 젓가락 끝으로 콕콕 찍어 집는 행위, 요리 속에서 자신이 먹고 싶은 것을 찾는 행위, 젓가락으로 요리가 들어 있는 그릇을 끌어당기는 행위 등이다.

③ 일본의 식사예절

밥그릇을 들고 먹으면 복이 달아난다고 여기는 우리의 식사예절과는 달리 일본에서는 왼손으로 밥그릇을 들고 오른손의 젓가락을 사용하여 먹게 된다. 그들은 음식이 입으로 향해야 옳은 것이며, 입이 음식으로 향하는 것은 짐승만이 하는 짓이라 여기기 때문에 상반신을 앞으로 숙여서 먹지 않는다.

'미소시루'를 먹을 때도 마찬가지이다. 숟가락을 사용하지 않기 때문에 국그릇을 손에 들고 젓가락을 이용해 건더기를 먹은 후 국물은 후루룩 마시면 된다.

또한 일본인과 식사할 경우, 상대방에게 불쾌감을 주지 않도록 주의할 필요가 있다. 일식을 먹을 때는 물수건으로 얼굴이나 목을 닦는 것, 식탁 위에 담배를 두는 것, 식사 중에 이쑤시개를 쓰는 것 등이 매너에 어긋난다.

3. 식재료의 천국, 중국

1) 음식문화의 형성배경

수천 년의 역사와 문화, 방대한 영토, 다양한 지형과 기후를 나타내고 있고 한족이 다수를 차지하기는 하나 다양한 소수민족으로 구성되어 있다. 남북한 전체면적의 50배에 해당하며 수도는 북경이다.

세계 3대 요리의 으뜸으로 자리 잡을 수 있었던 것은 고대 중국의 음식이 불로장수의 사상과 연결되어 있으며 음식이 사람의 근본적인 원기에 직접적인 영향을 준다고 믿었으며, 땅·하늘·바다의 모든 생물을 음식으로 활용하였다. 중국에서는 '바다의 잠수함과 육지의 탱크, 하늘의 비행기만 빼고 모든 것을 식품으로 이용한다'

는 말이 있다. 또한 동물성 식품은 머리에서 꼬리까지 식물성 식품은 뿌리에서 열매까지 모든 것을 식품으로 활용하고 있다.

역사적으로 중국의 음식문화는 약 2천 년 전의 기록이 전해지는 오랜 역사를 가지고 있다. 화북지방과 화남지방, 동쪽지방과 서쪽지방의 음식문화가 다르게 발달했기 때문에 지역 간의 차이가 많이 나타나고 있다.

또한 다수민족으로는 한족, 소수민족으로는 몽골족, 위골족, 티베트족 등 자신들만의 식생활 습관, 풍습, 언어, 자연환경에 의해 고유문화를 가지고 있어서 다양한 중국의 음식문화에 기여한 바가 크다고 할 수 있다.

한대에서 아열대에 이르는 기후대를 배경으로 식재료의 양과 종류가 풍부하여 비교적 손쉽고 합리적인 조리법의 발달과 풍성한 외양을 자랑한다.

오늘날 중국요리가 세계 곳곳에 자리 잡을 수 있었던 까닭은 오랜 세월 동안 다문화의 지혜로운 융합과 광활한 영토의 산물을 활용하여 끊임없는 노력의 결실로 얻은 것이라 할 수 있다.

2) 음식문화의 특징

중국 음식문화의 특징은 약식동원, 약식일여, 음양오행, 중용의 철학적 의미와 오미팔진(신맛 · 쓴맛 · 단맛 · 매운맛 · 짠맛의 다섯 가지 맛으로 인간의 간 · 심장 · 췌장 · 폐 · 신장을 보양하므로 소중히 여김)의 의미를 바탕으로 요리에 있어서도 그 균형과 배합을 중요시해 왔다. 즉 물, 불, 나무, 금속, 흙의 5가지 우주의 구조와 밀, 콩, 조, 참깨, 기장의 오곡과 양, 닭, 소, 개, 돼지의 오축 그리고 신맛, 쓴맛, 단맛, 짠맛, 매운맛의 오미, 계피, 정향, 산초, 진피, 팔각의 오향을 구분하여 이들의 조화를 조리에 있어서도 표현하고 있다.

▲ 라조기

▲ 광둥식 상어지느러미

(1) 다양한 식재료가 활용된다

 바닷가의 절벽에서 얻은 제비집, 원숭이의 뇌, 상어 지느러미, 닭의 벼슬, 돼지의 신장, 집오리의 혓바닥 등 중국의 식재료는 무궁무진하다고 할 수 있다. 또한 중국에서는 팔진(八珍)이라 하여 8가지 재료를 귀하게 여긴다. 용간(용의 간), 이미(잉어의 꼬리), 봉수(봉황새의 새끼), 악구(솔개), 표태(표범의 새끼), 성순(성성이의 입술), 웅장(곰의 발바닥), 노미(사슴의 꼬리)가 있다.

(2) 합리적인 조리법을 자랑한다

 중국인들은 음식을 조리할 때 주로 고열에서 단시간에 익히는 경우가 많다. 보통 모든 음식은 숙식을 기본으로 하고 있다. 냉채요리도 모든 재료를 익힌 후 차게 해서 먹는 것을 말한다. 기름의 사용량이 많지만 최단시간을 소모하며 녹말의 적절한 이용으

로 영양파괴를 최소화하는 합리적인 조리법을 자랑한다.

(3) 조리기구가 단순하다

다양한 요리의 종류에 비해 조리기구는 간편하며 단순하다. 훠궈(중국냄비), 사궈(볶음냄비), 러우사오(그물조리), 정룽(찜통) 외에 몇 가지 조리기구가 전부라 할 수 있다. 중국요리는 접시에 한 가지 요리를 푸짐하게 만들어 화려하게 꾸민 후 넉넉히 담아낸다. 일반적으로 회전식 원탁에 판을 돌려가며 나누어 먹는다.

(4) 요리에 녹말의 이용이 많다

요리에 있어서 적절한 녹말의 사용은 여러 가지 이점이 있다. 첫째, 음식에서 물과 기름이 분리되지 않아 잘 어우러진다. 둘째, 음식이 빨리 식지 않는다. 셋째, 녹말의 점성을 이용하여 국물에 농도를 붙여 맛을 전체적으로 고르게 유지시켜 준다. 넷째, 요리된 음식의 영양소가 국물로 빠져 나오기 전에 녹말전분의 사용으로 잘 부착되어 있어 영양소의 파괴를 최소화할 수 있다.

한식의 경우 습식문화의 발달로 국물의 양이 많아 담백한 맛이 특징인 반면 중국요리는 녹말의 이용으로 음식의 농도를 걸쭉하게 만들어 서양요리의 수프와 비슷한 특징을 가진다.

(5) 찜요리가 발달되었다

찜요리는 다른 요리방법에 비해 식품 자체의 영양소를 최대한 유지할 수 있는 조리법으로 재료의 모양이나 식품 자체의 맛을 파괴시키지 않고 맛을 낼 수 있는 요리법이다. 중국은 찜요리의 종류가 다양하고 찐 것을 튀기거나, 튀긴 것을 찌거나 하여 증기의 열을 여러모로 이용하고 있다.

(6) 보신(補身)에 중점을 둔 음식이 발달하였다

예부터 중국은 "약으로 보신하는 것보다 음식으로 보신하는 것이 좋다"라는 말을 믿고 있다. 평소에 균형 있는 음식의 섭취가 건강에 밀접한 영향을 준다고 생각하고 요리 시에도 풍부하고 다양한 식재료를 한꺼번에 사용함으로써 여러 가지 식재료가 혼합되어 독특한 풍미를 가지는 것이 특징이며 균형 있는 식사를 위해 육류, 채소, 어류, 탕을 함께 먹어 영양과 미각의 균형을 중요시한다.

(7) 중국의 정식 상차림은 시간전개형으로 한다

중국은 한 식탁에 둘러 앉아 큰 접시에 차례대로 나온 음식을 여러 사람이 나누어 먹는다. 정식에 차려지는 음식의 가짓수는 짝수로 하며 보통 전채(前菜), 두채(頭菜), 주채(主菜), 탕채(湯菜), 면점(面点), 첨채(甛菜) 순으로 나온다.

제일 먼저 나오는 전채는 주로 3~ 4가지의 냉채를 내며 수박씨, 호박씨, 땅콩, 호두 등을 설탕 또는 기름으로 볶아 열채가 나오기도 한다. 두채는 따뜻하고 부드러운 맑은 탕 요리로 전채에 포함시키기도 하며 샥스핀, 제비집 등의 고급재료를 이용하기도 하고 전채 다음에 나오는 주요 요리인 주채는 해물요리, 고기요리, 두부요리, 채소요리 등으로 구성되며 탕채는 국물요리로 연회에서 다른 요리를 다 낸 후에 연회의 후반부에 밥이나 면류 앞에 낸다. 면점은 쌀, 쌀가루, 밀가루를 주재료로 하여 만든 음식으로 밥, 면류, 만두, 포자, 교자 등이 있다. 마지막으로 후식인 첨채는 주로 단맛이 나는 과일이나 찹쌀과자 등으로 중국 상차림에서는 탕채 전에 나오지만 한국에서는 식사가 끝난 후에 나온다.

▲ 생선찜   ▲ 쇠고기 짜장볶음

3) 대표 음식

　중국은 넓은 대륙만큼이나 다양한 종류의 식재료를 이용한 음식이 많다. 주식은 밥이고 높은 화력을 이용한 합리적인 요리들을 한상에 차려 각자 개인용 그릇에 덜어서 먹는다.

지역별 요리 ● ● ● ● ●

① 북경요리(베이징 요리)
북경은 고대 원· 명· 청 3대 중국의 수도로서 정치, 경제, 문화의 중심지로서 궁중요리를 비롯하여 고급스럽고 사치스러운 요리문화가 발달한 곳이다. 지리적으로 북방계의 요리로 몽골족과 변방의 여러 민족의 산둥요리, 양저우 요리가 잘 조화되어 발달하였고 추운 날씨 때문에 기름의 사용이 많은 고칼로리 음식이 많다. 육류의 선택이 두드러지며 강한 화력을 이용하여 단시간에 조리한다.

② 광둥요리
남방계 중국 요리의 대표로서 예부터 외국과의 교류가 활발하고 상업이 발달하여 널리 알려진 요리가 많고, 전통적인 요리와 국제적인 요리가 잘 조화되어 발전해 왔다. 향기로운 조미료를 잘 배합하여 부드럽고 진한 맛이 특징이다. 전 세계에 진출한 중국 음식점에서 가장 보편화된 메뉴이며 우리에겐 친숙한 요리이다. 광둥식 탕수육, 팔보채 등이 잘 알려져 있으며 이 지역은 아열대 기후로 일 년 내내 덥고 습하다. 광둥 지역은 중국에서도 아주 특이한 식재료를 이용하여 요리하기로 유명한데 그 예로 뱀, 개, 고양이, 간, 귀, 입술, 벌레, 곰 발바닥 등이 있다.

③ 상해요리(남경요리)

중국 대륙의 젖줄인 양쯔강 유역을 중심으로 상하이, 난징, 쓰저우, 양저우를 포함한다. 따뜻한 기후의 영향으로 풍부한 해산물과 특히 쌀 생산지로 유명하므로 쌀과 함께 먹을 수 있는 요리가 발달하였으며, 간장의 특산지로서 간장이나 설탕을 이용하여 진하고 달콤한 맛이 특징이다. 상해 게 요리와 홍사오로우(간장으로 맛을 낸 돼지고기 요리)가 유명하다.

④ 사천요리

양쯔강 상류의 산악지방으로 중서부 내륙분지를 형성하고 있어 여름에는 무덥고 겨울에는 매우 추운 날씨이다. 다른 지역보다는 고추, 후추, 생강, 파, 마늘, 산초, 라유, 두반장, 어향, 고추장 등의 강한 향신료와 양념을 사용하여 요리하며 맵고 기름진 음식이 많다. 중국인들 100명 중 100명이 모두 좋아한다고 할 정도로 이 지방 음식은 인기가 많다. 우리나라에서 사용되는 양념과 맛이 친근하여 한국인에게도 사랑받는 음식이다. 마파두부와 간샤오밍샤(새우칠리볶음)가 있다.

(1) 베이징 카오야

▲ 베이징 카오야

북경요리 중 가장 대표적인 것으로 오리요리를 들 수 있는데, 이 요리를 위하여 부화한 지 50일이 지난 오리를 좁은 공간에서 움직이지 못하게 사육하여 살코기의 육질을 부드럽게 만든다. 가장 잘 기른 오리는 하얀 털과 오렌지색의 발을 가진다. 이렇게 길러진 오리에 향료와 물을 넣고 꼬리 쪽에 대나무를 끼워 화덕(사과나무 장작)에 구워서 108조각을 낸다. 밀전병에 춘장을 바르고 대파 3조각을 싸서 먹는다. 그 외 오리간이나 오리 혀, 오리 심장 요리 등 다양하게 있다.

(2) 제비집 요리·샥스핀 수프

광둥요리 중 가장 대표적인 요리로 알려진 제비
집 요리는 고급 중식당에서 사용하는 재료로 제비
들이 작은 물고기나 해초, 제비의 점액을 이용하
여 둥지를 짓는데 이것이 굳어져 제비집이 된다.

▲ 게살샥스핀수프

해안 절벽의 같은 장소에 여러 번 집을 짓는데
처음 지은 집은 최고급품으로 궁중에서 최고의 가
치를 가지고 두 번, 세 번째 지은 집은 다소 질이
떨어진다. 먼저 채집해 온 제비집을 더운물에 1주
일쯤 불려 불순물을 제거하고 조리한다. 제비집 요
리는 스푼이 2개 나오는데 구멍 있는 스푼은 제비집을 건져 먹고, 구멍 없는 스푼
은 국물을 먹는다.

샥스핀 수프는 세계 3대 수프 중 하나로 손꼽히는 음식으로 지느러미의 색깔·
부위·형태에 따라 명칭과 품질이 다르다. 고급품은 지느러미의 손상이 없으며 찜
이나 조림용으로 쓰이고, 흩어진 것은 하급품으로 수프나 볶음으로 이용된다. 상어
지느러미는 특별한 맛보다는 향과 질감이 독특하다.

▲ 통 상어지느러미찜

▲ 제비집 수프

(3) 마파두부

사천요리 중 가장 대표적인 요리로 기름 두른 팬에 파, 마늘, 생강, 고추장을 넣어 볶다가 큰 깍두기 모양의 두부를 넣고 전분으로 걸쭉하게 어우러지게 만든 매콤한 요리이다.

노파라는 뜻의 '마파'는 이 요리로 유명한 할머니의 얼굴이 곰보였기 때문에 지어진 이름이라고 한다.

▲ 마파두부

▲ 하자대오삼

(4) 하자대오삼(蝦子大烏參)

하자대오삼은 칼슘의 함량이 풍부하며 영양가가 높으면서도 저칼로리 식품인 해삼을 이용하여 만든 요리로 물에 불린 해삼에 새우, 죽순, 여러 가지 채소와 소스로 맛을 낸 음식이다. 해산물과 생선을 이용한 요리가 많은 대표적인 상해요리이다.

(5) 불도장(佛跳牆)

땅과 바다의 산해진미를 최소한 4~5시간 이상 끓여 만든 요리로 해삼, 새우, 전복, 샥스핀, 조개, 자라, 노루 꼬리, 잉어 부레, 사슴 힘줄, 송이버섯, 대추, 토란, 닭다리, 돼지갈비 등의 상상을 초월하는 재료를 이용하여 만든 광둥 지방의 최고급 요리로 중국의 복날 보양식으로 사랑받고 있다.

불도장의 유래는 중국 청조 때 복건성의 사찰 부근에 큰 부자가 세상에서 가장 맛있는 음식을 먹기 위해 진귀한 온갖 재료를 한꺼번에 솥에 넣고 끓이는 도중 얼마나 잘 익었는지 알기 위해 솥의 뚜껑을 열었는데 그 냄새를 맡은 스님이 담을 넘어와 먹다가 결국 파계승이 되었다고 하는 데서 유래하여 부처 불(佛), 넘을 도(跳), 담장 장(牆)을 써서 지어진 이름이다.

▲ 불도장　　　　　　　　　　　▲ 동파육

(6) 동파육(東坡肉)

중국의 유명한 문인 소동파가 좌천되어 황주에 머무르는 동안 한 음식점에서 돼지고기와 술을 주문했는데 잘못 들은 요리사가 돼지고기에 술을 넣어온 것에서 유래된다 하여 동파육이라 불린다.

동파육은 돼지고기의 삼겹살을 대파와 팔각, 술, 간장, 설탕 등을 넣고 육질이 부드러워질 때까지 조린 것으로 맛과 향이 일품이다.

(7) 훠궈(火鍋)

훠궈는 몽골족이 고안한 것으로 우리의 신선로와 같은 모양을 한 조리용기를 말

▲ 훠궈

한다. 훠궈에 여러 재료를 담아 요리한 음식도 훠궈라고 하며 홍콩이나 서양에서는 핫폿(hot pot)이라고도 부른다.

중국의 훠궈는 진한 육수를 끓이며 얇게 썬 양고기, 쇠고기, 생선 등과 갖은 채소를 살짝 익혀서 소스에 찍어 먹는 요리로 일본의 샤부샤부, 우리나라의 신선로의 원조라 할 수 있다.

가장 대표적인 훠궈는 매운 고추를 육수에 넣어 매콤한 맛이 특징인 충칭훠궈, 육수통을 2개로 나누어 매운맛과 담백한 맛을 함께 맛볼 수 있는 원앙훠궈이다.

훠궈에 사용되는 채소로는 콩나물, 배추, 감자, 고구마, 옥수수 등이 있다.

(8) 중국의 명절 음식

춘절

음력 1월 1일로 한국의 음력설과 같다. 보통 2주 정도 쉰다.

중국의 북쪽지방은 주로 '교자'라고 불리는 만두를 빚어서 먹는다. 새해에 먹는 만두는 여러 가지 좋은 의미가 있는 재료를 사용하여 만들어 먹는데 두부와 배추는 일 년 내내 무사함을 바라고, 사탕은 달콤한 생활을 기원하며, 대추는 많은 자식, 땅콩은 득남을 의미하며 찹쌀떡은 승진, 국수는 장수를 의미한다.

반면, 남쪽지방에서는 떡을 만들어 먹는다. 찹쌀가루를 주재료로 하고 그 외 다양한 재료, 특히 무·간 새우·표고버섯 등을 넣어 만든 광둥 지방의 유명한 무떡은 이웃과 나누어 먹는다.

중추절

음력 8월 15일로 한국의 추석과 같다.

주로 먹는 음식은 월병 · 감자 · 유자 · 과일 등이며 달을 향해 차려 놓고 즐긴다.

▲ 찐만두 : 포자(包子)

▲ 물만두 : 교자(餃子, 쟈오쯔)

▲ 고구마빠스 : 빠쓰(拔絲)

▲ 오향장육 : 우샹(五香)

▲ 삼선샥스핀요리 : 싼시엔(三鮮)

▲ 팔보채 : 빠빠오(八寶)

▲ 류산스 : 싼쓰(三絲)

▲ 난자완스 : 완쯔(丸子)

4) 식사구성

(1) 중식당 메뉴판 읽기

중국 식당의 메뉴는 조리법이나 식재료의 배합을 표현하는 말이 대부분을 차지한다. 우리가 흔히 볼 수 있는 메뉴판에 나오는 용어는 다음과 같다.

완쯔(丸子) : 고기 및 재료를 갈아서 완자처럼 둥글게 만든 것이다.

빠오(包) : 얇은 재료를 펴서 싸서 만든 것(잘게 썬 채소나 고기)이다.

빠쓰(拔絲) : 재료의 생것에 전분을 묻혀 튀기고 꿀, 물엿, 설탕으로 옷을 입힌 요리이다.

싼시엔(三鮮) : 3가지 재료를 이용해서 만든 요리로 바다, 육지, 공중의 재료라는 의미도 된다. 주로 한국에서는 해삼, 전복, 새우 등의 3가지 해산물로 만든 요리를 뜻하나, 3가지 신선한 채소로 만든 요리를 뜻하기도 한다.

싼쓰(三絲) : 3가지 재료를 가늘게 채로 썰어 만든 요리이다.

빠빠오(八寶) : 8가지 진귀한 재료를 사용하여 만든 요리이다.

우샹(五香) : 5가지 향신료(팔각, 정향, 계피, 진피, 산초)를 사용한 요리이다.

(2) 중국의 덴싱(點心)

중국에서는 원래 1일 2식이 기본이었으며 그 사이에 가벼운 간식을 먹는 것을 덴싱(點心)이라고 하여 주로 만두를 먹었다.

근래에 광둥어의 딤섬으로 더 잘 알려진 것으로 만두 외에 찐 찰밥, 떡, 과자, 과일 등을 포함하는 다양한 종류의 딤섬이 있다. 그중 우리가 알고 있는 만두의 종류를 구분하면 다음과 같다.

▶ 만두(饅頭, 만터우)

팥이 안 들어간 찐빵과 같으며 겉과 속이 모두 밀가루뿐이고 내용물이 없어서 보통 다른 음식과 함께 먹는다. 주로 북쪽 지방의 주식으로 먹는 화쥐안, 인쓰쥐안 등이 이에 해당한다.

▶ 교자(餃子, 쟈오쯔)

밀가루 또는 찹쌀가루를 반죽해 얇게 민 다음 잘게 저민 고기나 채소 등을 넣고 찐 것으로 교(餃)자는 '껍데기의 가장자리를 맞추어 둘러싼다'는 뜻이다. 쉐이쟈오(물만두), 정쟈오(찐만두), 궈톄(군만두) 등이 있으며 교자의 '소'로는 보통 돼지고기, 배추, 새우, 제비집 등을 넣는다.

▶ 포자(包子)

'포'는 '보자기, 봉지, 포대기 등에 싸다'란 뜻으로 대나무 찜통에만 넣어 쪄 먹는다. 보통 껍데기가 부드럽고 속을 돼지고기만 넣는 것과 당근, 부추 등을 넣는 것으로 나뉜다.

(3) 중국인 일상식에서의 음식요법

▶ 음식으로 약을 대신한다

요리 시 주재료는 식품으로 하고 약용식품은 부재료로 선택하여 약효를 극대화시킨다.

돼지 내장에 인삼을 넣어 허약한 몸을 보(補)한다.

▶ 약용식품에 식품을 첨가한다

약용식품이 주재료이고 식품을 부재료로 활용한다.

구기자가 주재료이고 동물 내장을 첨가하여 양기를 보(補)한다.

▶ **약용식품과 약용식품의 결합으로 약효를 상승시킨다**

제비꽃과 녹두를 혼합하여 먹음으로써 열을 제거하고 해독작용을 돕는다.

▶ **식품과 식품을 배합하여 건강을 증진시킨다**

오골계와 버섯을 혼합하여 탕을 끓여 여름 보양식으로 즐긴다.

중국의 시대별 음식문화 변천 ●●●●●

1. 고대 은(기원전 1700~1027), 주(1027~771), 전한(202~24) 시대

중국은 식문화에 식의동원사상이 발전해 왔기 때문에 한의사를 중심으로 요리법이 관심을 받아왔다.

철기가 출현하여 생산활동에 급격한 발전이 있게 되고 식생활도 통돼지구이, 개의 간구이 등 화력을 이용한 요리법이 발전하였으며 청동제 솥 등의 조리기구로 익힌 음식을 먹기 시작했다. 이 시대 황제의 음식을 관리하는 관리는 208명에 이르고 일꾼도 2,000명이 넘었다.

2. 중고 후한(25~220), 삼국(220~280), 진(265~420)

이 시대에는 술, 식초, 장, 누룩 등 식제법이 발달하였다. 한나라로 접어들면서 떡, 만두 등 곡물가루를 활용한 조리법이 생겨났고, 진나라 때 이르러는 차를 마시기 시작한 것으로 전해지는데 '차'라고 부르지 않고 '고도'(쓴 씀바귀)라고 불렀다. 초기의 차는 약재로 사용되고 병을 고치는 목적으로 사용되었다.

삼국시대의 양쯔강 남쪽은 차를 마시는 습관이 퍼졌으며 위진남북조시대에 들어와서 귀족 계급에서 차를 마시는 것이 하나의 기호활동이 되었다.

이후 당나라에서는 차 마시는 풍습이 대중화되면서 보편화되었다.

3. 수(581~617), 당(618~907), 오대십국(907~979)

수와 당 왕조는 북방부 출신이기 때문에 생선의 사용이 적고 양고기나 면을 주로 이용한다. 양자강과 황하를 잇는 대운하가 건설되어 강남의 질 좋은 쌀이 북경까지 전달되는 등 남북과의 교류가 활발해져 북경 일대의 식생활이 풍요로워졌다. 중국 당나라의 문인 육우가 지은 다도의 고전 '다경'이 760년경에 간행되기도 했다.

4. 송(960~1279)

중국의 음식문화가 근대로 접어드는 분기점에 해당되는 시기로 당대와 송대에 걸쳐 식생활에 큰 변화를 가져온다.

중국의 연회문화는 식탁에서의 자리배치, 음식순서, 누가 먼저 젓가락을 들 것이며, 언제 자리를 뜰 수 있는지를 식사예절로써 명확히 규정하고 있다.

송대에는 밥, 식사를 뜻하는 '반'자와 바둑판, 정세, 속임수라는 뜻인 '국'자를 조합하여 연회나 회식을 판국이라 부르기 시작했다.

5. 원(1279~1368), 명(1368~1644), 청(1644~1911)

마르코 폴로와 이탈리아 포르데노네 지방의 오도릭 신부와 같은 서양여행가들은 원나라 궁궐의 사치스러움에 놀랐다. 마르코 폴로의 글에 보면 "식탁은 잘 배치되어 황제는 모든 사람들을 볼 수 있었다."라고 묘사하고 있다. 원나라 때부터 유럽, 미국과 해양을 통해 교류가 많았던 탓에 유럽음식의 영향을 많이 받아 소스류가 발달했다.

명나라는 1일 3식이 원칙으로 밥과 부식물은 젓가락을 이용하였고, 스푼은 국이나 수프의 전용도구로 받아들여졌다. 젓가락을 사용하면서부터 공기모양의 식기를 많이 사용했다. 청나라 시대는 중국요리의 부흥기라 할 수 있다. 중국요리는 진수며, 궁중요리는 집대성이라 불리는 만한전석은 청나라의 화려함과 호사스러움의 극치를 보여준다. 황제의 혼례, 군대의 개선, 황제나 황후의 붕어 등의 경우에는 모두 광록사경(궁정의 식사를 담당하는 관리)과 내무부가 만한전석을 주재함으로써 황제의 위대함을 과시했다.

5) 식사예절

(1) 원형 테이블에서의 매너

중국에서는 여러 사람이 커다란 원형 테이블에 둘러앉아 식사하는 것이 일반적이다.

그중 출입문과 가장 가까운 쪽이 말석이고, 그 맞은편(가장 안쪽 중앙)이 상석이다.

그리고 상석의 왼쪽부터 지위에 따라 차례대로 앉으면 된다. 또한, 회전 테이블이라면 새로운 음식이 나왔을 때 손님 쪽으로 음식을 돌려드리는 게 예의이다.

(2) 밥은 젓가락으로 먹는다

우리나라에서는 보통 고개를 숙여 숟가락으로 밥을 먹는데, 중국에서 이러면 절대 안 된다. 중국에서는 고개를 숙이고 밥을 먹는 것은 동물뿐이라고 생각한다. 또한, 숟가락은 탕요리나 국을 먹을 때 사용하고 밥은 젓가락으로 먹는다. 중국의 쌀은 우리나라 쌀과 달리 점성이 약한 흩어지는 쌀이기 때문에 흘리지 않고 깨끗하게 먹기 위해 밥공기를 들고 젓가락으로 먹는 것이 일반적이다.

(3) 요리를 먹는 순서

한상차림 문화의 우리나라와 달리 중국과 일본은 요리를 순서대로 먹는다. 보통은 냉채류로 시작하고, 이후 볶거나 튀긴 따듯한 요리가 나온다. 요리를 먹은 후 밥, 면, 만두 등의 주식을 먹고 탕과 후식을 먹는다. 술을 곁들이는 자리일 경우, 식전에 술을 한 잔 마시는 것이 예의이다.

(4) 개인접시에 음식을 덜어먹는다

중국에서는 여러 사람들이 각자의 접시에 음식을 조금씩 덜어서 먹는다. 이때 한 접시에 여러 음식을 담지 않도록 주의해야 한다. 음식을 덜 때는 공용 수저를 이용한다.

(5) 음식을 남기는 것이 매너이다

우리나라 사람들은 보통 음식을 남김없이 먹는 것을 예의라고 여긴다. 반대로 중국에서는 음식을 조금 남기는 것이 좋다. 중국인은 다 먹기 힘들 정도로 푸짐하게 차려진 식사를 최고로 여긴다고 한다. 따라서 음식이 맛있다고 그릇을 싹싹 비우면 '음식이 부족해 만족스러운 식사를 하지 못했다'는 부정적인 의미가 전달된다고 한다.

(6) 식사 주문에는 생선을 포함된다

중국인들은 접대 자리에서 생선을 대접해야 한다고 생각한다. 생선이 없다고 접대가 부실하게 진행되는 것은 아니나 가능하면 생선을 시키거나 준비하는 것이 좋다. 또한 생선의 뼈를 골라낼 때에는 젓가락을 입에 넣어 뺀다. 접시에 바로 뱉는 것은 음식을 준비한 사람에게 실례되는 행동이다.

(7) 후식을 먹을 때

과일을 먹을 때에는 둘로 쪼개지 않는다. 쪼갠다는 것은 헤어진다는 의미를 담고 있다. 특히 배가 둘로 갈라진 것을 리비에라고 하는데 이 발음이 '헤어지다'의 의미인 '리비에'와 같으므로 더욱 조심해야 한다.

(8) 식사 후 인사말은 필수다

음식을 다 먹고 나서는 반드시 인사해야 한다. 맛있고 너무 많아서 다 먹을 수 없었다는 등, 이 음식의 이름이 무엇이냐는 등의 인사치레를 하는 것이 좋다. 연회가 끝날 무렵 주인은 오늘 준비한 요리가 별로 신통치 않았다고 겸손의 말을 하고, 손님은 이 정도의 요리면 자신이 먹어본 요리 중에서 최고라며 찬사를 보내는 것이 일반적이다. 접대받은 손님은 자신이 배부르게 먹었다는 뜻을 말이나 행동으로 주인에게 보여주어야 하며 이것이 곧 주인의 초대에 대한 손님의 예의 있는 응대라고 중국인들은 생각한다.

4. 열대의 미식가, 태국

1) 음식문화의 형성배경

인도차이나반도에 있으며 동남아시아권에 속하는 태국은 주위에 라오스 · 캄보디아 · 미얀마 · 베트남 · 필리핀 · 인도네시아 · 말레이시아 · 싱가포르 등의 나라와 인접해 있다. 이 지역의 여러 나라들은 지역적 특성이 비슷하여 식재료, 조리법, 상차림 등이 비슷한 점이 많다. 타이족이 다수를 차지하며 화교나 말레이족, 그 외에 소수민족으로 구성되어 있다. 남북한 전체면적의 2.3배에 해당하며 수도는 방콕이다.

국민의 95%가 불교신자이며 절 안에 화장터가 있어 업을 다한 사람의 신을 태우고 영혼을 받아들여 쉬게 한다고 여긴다. 또한 태국인은 태어날 때 집에서 태어나도 죽어서는 절로 돌아간다고 믿고 있다. 태국의 불교는 소승불교의 일종으로 '테라와

다 불교'라 불린다. 생사가 무한정 거듭되는 윤회의 세계를 믿고 있으며 태어난 신분과 환경을 인정하고 공덕을 많이 쌓아 다음 세대에 더 나은 신분으로 태어날 수 있다는 믿음을 가지고 현실을 비관하지 않고 맡은바 일을 열심히 한다. 특히, 절 근처에서는 살생을 허용하지 않아 강가의 고기떼는 좋은 관광상품으로 개발되고 있다.

태국은 입헌군주국으로 동남아시아의 나라 중 식민지배를 받지 않은 유일한 나라이며 고도의 자본주의가 잘 정착된 나라라고 할 수 있다.

태국은 지리적으로 가까운 인도 음식문화의 영향으로 자극적인 향신료와 커리의 사용량이 많고, 중국 남부인 광둥성이나 복건성 주변의 많은 이주민의 후손들에 의해 발달한 중국 음식문화인 중국식 냄비나 면 요리, 장류의 이용이 많으며, 남아메리카의 포르투갈 전도사가 가지고 온 칠리를 이용한 요리를 즐겨 먹는다. 이와 같이 여러 나라의 영향을 태국인에 맞게 잘 발달시켜 그들만의 독특한 식문화를 발전시켜 왔다.

2) 음식문화의 특징

태국요리는 프랑스, 중국음식과 함께 세계 3대 음식의 하나로 꼽힐 만큼 세계 미식가들의 사랑을 받는 맛있는 음식으로 알려져 있다. 태국인에게 먹는 것은 하나의 즐거움이며 각 지방의 잘 알려진 식당에서 흔히 이런 음식을 찾아 여행 온 외국인들을 쉽게 볼 수 있다.

모든 요리는 큰 접시에 배식되며 각자 먹을 만큼 접시에 덜어 먹는 것도 중국의 코스 요리를 연상케 한다. 전통적인 태국 음식은 자극적인 소스를 기본으로 여러 가지 양념의 채소들을 곁들인다.

(1) 주식과 부식인 반찬으로 구성되어 있다

주식은 쌀이며 여러 가지 재료로 만든 국수도 흔히 먹는다. 쌀은 중남부의 카오차

오(멥쌀; 찰기가 덜한)와 동북부의 카오나오(찹쌀; 찰진)로 나뉜다.

주식인 밥을 중심으로 한상에 차려 먹으며 음식 자체는 짜거나 맵지 않지만 생선 간장(남플라)과 가피(새우젓) 등을 곁들여 자극적인 맛을 즐긴다.

(2) 다양한 식재료가 활용된다

전통적인 불교 국가이지만 부식으로 육식을 금하지는 않고 있어 비교적 자유로이 선택하며 선호도에 따라 돼지고기, 쇠고기, 닭고기, 오리고기를 좋아한다. 또한 달걀보다는 오리알을 더 선호한다.

육류보다는 해산물 요리를 더 선호하므로 대구, 농어, 고등어, 새우, 게, 바닷가재, 오징어, 그 외 바다 생선과 민물 생선 등 그 범위도 다양하다.

(3) 강한 조미료와 향신료의 사용이 많다

태국 음식의 독특한 맛을 내는 것은 조미료와 향신료이다. 태국 요리는 한 가지 음식에도 복합적인 맛을 즐기는 편인데 단맛(설탕, 야자당, 카티; 코코넛 밀크), 매운맛(프릿키누라; 작은 고추, 생강), 고소한 맛(땅콩, 코코넛밀크), 신맛(식초, 라임, 타마린느)의 조합으로 자극적인 맛을 즐긴다. 특히 빼놓을 수 없는 조미료로 동남아시아의 액젓인 남플라(생선간장)와 가피(새우젓)를 들 수 있는데 이는 태국인들의 매끼 식사마다 빠지지 않는 조미료로 우리나라의 간장, 젓갈과 비슷하다.

향신료의 사용도 매우 다양하다. 붉은 양파, 마늘, 생강, 갈랑가, 고수(팍취), 레몬그라스, 터메릭, 민트, 바질 등의 향신료가 널리 쓰인다.

(4) 열대 과일이 풍부하다

동남아시아에서는 아열대 기후의 영향으로 망고, 망고스틴, 두리안, 스타후르츠, 감귤, 파인애플, 수박, 파파야, 람부탄, 롱안, 리찌, 바나나, 오렌지, 잭프룻, 코코넛 등의 다양한 종류의 열대 과일이 풍부하다. 태국의 거리에는 과일을 잘 다듬어 쉽게 먹을 수 있게 손질해서 간식거리로 애용하고 있으며 요리에도 열대 과일의 이용은 다양하다.

① 열대 과일

람부탄(rambutan)

큰 달걀형의 열매로 붉은색이 선명하고 주황색의 부드러운 털이 있는 것이 특징이다. 흰색의 반투명한 과육은 새콤달콤한 맛을 내며, 과즙이 풍부하다.

푸라샴

'용의 눈'이라는 뜻을 가지고 있으며 안에 검정색의 동그란 씨가 있어서 붙여진 이름으로 옅은 갈색을 띤다.

▲ 람부탄

과육은 반투명의 젤리상태로 레이시와 비슷하다.

두리안(durian)

겉껍질이 도깨비방망이처럼 울퉁불퉁하며 끝이 뾰족하고 단단한 가시로 덮여 있어 맨손으로 만지기 힘들다. 하지만 안은 크림빛이 도는 매우 부드러운 과육으로 가득차 있다. 잘 익은 것은 달콤하며 고소한 맛이다. 과육은 몇 개의 작은 주머니로 나누어져 있고 안에는 밤톨만 한 씨가 있다.

▲ 두리안

리치(litchi)

탁구공 크기만 하며 겉에 털은 없고 껍질이 붉은색이다.

망고스틴

우아한 향기와 달콤하고 은은한 신맛이 어우러져 향긋한 맛을 내어 '열대 과일의 여왕'이라 불리는 과일이다. 감처럼 생기고 파란 꼭지가 붙은 자주색의 단단한 껍질 속에는 마늘쪽과 같은 부드러운 과육이 5~8개가 붙어 있다.

▲ 열대 과일

3) 대표 음식

태국은 풍부한 해산물요리와 쌀·면을 이용한 다양한 음식, 그리고 열대 과일의 독특한 향미를 이용한 요리가 발달되어 있으며 자극적이고 복합적이면서 화려한 맛을 가지고 있어 전 세계인의 사랑을 받는 국제적인 음식이 많다.

(1) 카오팟(khao phad)

가장 일반적으로 먹는 요리로 우리나라의 볶음밥과 비슷하다. 게살, 새우, 오징어, 소고기, 돼지고기, 닭고기 등 여러 가지 재료로 만들며 외국인이 쉽게 접근할 수 있는 좋은 식사이다. 파인애플을 첨가하여 달콤새콤하게 만들면 카오팟 사파로드가 된다.

▲ 팟타이

(2) 팟타이(phad thai)

볶음 쌀국수이며 닭고기, 새우, 숙주, 땅콩가루, 생선소스, 칠리고추를 넣고 볶아 고소하고 매콤하며 사각사각 씹히는 맛이 일품이다.

(3) 똠얌꿍(tom yam kung)

태국을 대표하는 세계적인 음식이며 세계 3
대 수프의 하나로 꼽히기도 한다. 처음에는 집
에서 먹다 남은 양념들을 섞어 끓여 먹기 시작
한 데서 유래되었는데 주로 새우를 넣고 각종 향
신료를 넣고 5~6시간 끓여내 독특한 향과 맵고
신맛을 낸다.

▲ 똠얌꿍

태국에서는 특별한 모임이나 축하행사 때 똠얌꿍을 신선로처럼 생긴 냄비나 도자
기 냄비에 담아 나누어 먹는 것을 좋아한다.

(4) 솜탐(som tam)

가늘게 채 친 그린 파파야 샐러드로 땅콩을
첨가해 고소한 맛을 더해준다. 더운 계절에 새콤
달콤한 맛이 시원함을 느끼게 해주는 요리이다.

그 외 다양한 얌운센(녹두전분 국수에 해물과
채소를 얌으로 묻힘), 얌누아 양(볶은 쇠고기를
곁들여 채소와 섞음) 같은 샐러드가 있다.

▲ 솜탐

(5) 캥 파나앵(keng panaeng)

태국은 여러 가지 재료를 이용한 커리 소스가
많은데 캥 파나앵은 코코넛과 바질을 넣어서 끓
인 국물이 거의 없는 카레를 말한다.

그 외에도 캥 쿄완(황녹색의 맵지 않은 카레),

▲ 캥 파나앵

캥 페트(붉고 가장 매운 카레)가 있다.

① 태국 요리 이름 알아보기

카오(khao) : 밥　　　　　　팟(phad) : 볶음

얌(yam) : 샐러드 종류　　　캥(keng) : 국, 스튜류

똠(tom): 수프, 찌개류

태국의 일상식 ● ● ● ● ●

가정에서 일상적인 식사는 밥이 기본이며 부식인 반찬으로 구성되어 있다. 쌀을 주식으로 하며 음식을 상에 한꺼번에 차리고 밥을 큰 그릇에 담아 식탁 가운데 둔다.

밥, 맑은국, 찐 음식, 튀긴 음식, 샐러드와 남플라, 남플릭과 같은 자극적인 소스는 늘 밥상에 오른다.

아침엔 주로 카오톰이라는 쌀죽에 닭고기, 돼지고기, 달걀, 절인 생선이나 피클을 먹는다. 점심으로는 간단한 국수, 볶음밥을 즐겨 먹는다. 저녁식사는 태국 전통식에서 현대식으로 바뀌고 있다.

태국에는 5가지 맛을 내는 기본적인 조미료가 특징인데 여러 재료의 맛을 상승시켜 주는 짠맛의 조미료는 발효된 생선소스인 남플라가 가장 많이 사용되고 있으며, 새우를 발효시킨 캡을 사용하기도 한다. 태국에서는 단맛을 내는 것은 팜슈거를 사용하는데 향신료나 허브의 향이 들어가는 음식에 주로 사용한다. 그 밖에 감미료는 당밀을 발효시킨 검은콩 소스, 단맛을 내는 마늘 피클, 현미시럽, 꿀 등이 있다. 매운맛의 재료로는 칠리이며, 말리거나 페이스트 형태, 소스형태로 시중에서 구할 수도 있다. 칠리가 있기 전에는 통후추로 매운맛을 냈으며 생강, 양파, 마늘도 사용하고 있다.

태국의 지역별 요리의 특징 ● ● ● ● ●

▶북·동부

치앙마이를 중심으로 다른 지역에 비해 맛이 덜 자극적이고 소박하다. 이 지역은 고원지대로 토양이 척박하여 찹쌀 경작에 적합하다. 주식은 주로 찹쌀로 찰진 밥을 해 원형으로 빚어 소스와 커리에 찍어 먹는다.

전통적인 접대 음식으로 칸토크가 있는데 여러 가지 그릇에 찹쌀밥, 캥(커리), 랍(볶은 고기), 생채소, 튀긴 돼지고기 껍질, 쌈장 등을 담아 다리가 낮은 둥근 테이블에 둘러앉아 각자의 접시에 덜어 먹는다.

특히 북동부 지역은 특이한 식재료의 요리가 많은데 개미알, 굼벵이, 메뚜기, 달팽이 등을 이용한 커리와 발효시킨 생선요리가 유명하다.

▶중 · 남부

방콕을 중심으로 주로 해변가 가까이 있어 해산물의 이용이 많다. 육류보다는 곡류와 채소를 주식으로 한 식단이 주를 이룬다. 저녁을 푸짐하게 먹는 편이며 코코넛 밀크, 고추, 민트 등을 이용한 걸쭉한 요리가 많고, 남플라는 빠지지 않는다. 특히 향이 강한 향신료를 많이 사용하여 강렬한 맛을 즐긴다.

4) 식사예절

▶ 상차림 예절

① 숟가락을 왼쪽, 젓가락을 오른쪽에 놓는 우리나라와 달리 숟가락은 오른쪽, 포크는 왼쪽에 놓는다.

② 접시는 자신의 앞에 놓는다.

③ 컵은 접시 오른쪽 앞에 놓는다.

▶ 식사하는 사람 예절

① 태국에서 다른 사람과 식사할 때 제일 중요한 것은 옷으로, 누구와 어디서 만나는지에 따라 머리부터 옷까지 깨끗하게 갖춰야 한다.

② 식사를 할 땐 안 좋은 일이 있어도 싸우는 일을 피하도록 하고 잔소리하는 것도 지양하도록 한다.

③ 어른을 공경하는 예절에 따라 어린 사람이 먼저 밥을 먹지 않고 어른이 먼저 숟가락을 들 때까지 기다린다. 또한 어른의 접시에 반찬을 먼저 덜어드리는 것이 예의이다.

④ 더치페이 문화를 중시하는 우리나라와 달리 태국에서는 식사비를 각자가 아닌 돈이 있는 사람, 식사에 초대한 사람이 지불한다. 그 외에는 직급이 높은 사람, 나이가 많은 사람이 지불하며, 이 사람들이 식사를 시작하기까지 나머지 사람들은 기다렸다가 먹도록 한다.

▶ **식사 중 지켜야 할 예절 : 식사 도구와 관련된 예절**

① **그릇에 젓가락을 남겨두지 않는다**
- 태국에서 그릇에 젓가락을 남겨두는 행위는 죽음을 의미한다.

② **포크로 음식을 먹지 않는다**
- 포크는 접시의 음식을 스푼으로 뜰 때 보조 역할을 하거나 스푼에 붙은 음식을 제거하기 위해 사용할 뿐 입에 넣지 않는 것이 예의이다.

③ **나이프는 사용하지 않는다**
- 태국 음식은 식품 재료를 잘게 썰어 조리한 것이기 때문에 나이프의 사용은 불필요하다.

④ **국물 있는 국수를 먹을 때는 젓가락과 숟가락을, 튀긴 국수는 포크와 스푼을, 생선 넣은 국수는 숟가락만 사용해서 먹도록 한다.**

▶ **식사시간과 관련된 예절**
① 음식 씹는 소리와 접시 부딪히는 소리는 내지 않도록 한다.

② 밥 먹으면서 웃고 노는 것은 무례한 행위이다.

③ 접시나 그릇을 손으로 들고 먹는 것은 좋지 않은 행위이다.

④ 음식을 빨리 먹지 않는다.

⑤ 음식을 먹을 때 입술을 오므리고 씹으며 소리를 내지 않는다.

⑥ 음식이 입안에 있을 때 말을 하지 않는다.

⑦ 국물을 포함한 모든 음식을 먹기 전에 먹을 만큼의 분량을 자신의 접시에 옮겨서 먹는다.

5. 쌀요리의 나라, 베트남

1) 음식문화의 형성배경

베트남은 북쪽으로는 중국과 접하고 있고 서쪽으로는 캄보디아, 라오스와 접하고 있으며 비옥한 레드강과 메콩강 사이의 삼각지가 발달하였다. 면적은 남북한 전체 면적의 1.5배이며 국토의 70%가 산지 또는 늪지이다. 비엣족이 주민족이며 이들은 평야지대에 살면서 중국문화의 영향을 많이 받아왔고 그 외 타이족, 참파족 등 54개의 다민족 국가이며 수도는 하노이이다.

북부는 아열대 기후에 속하고, 남부는 열대성 기후라 벼농사가 발달하였다. 특히 북동부의 메콩강 주변은 2모작, 3모작이 가능한 세계적인 곡창지대가 많아 쌀요리가 발달하였으며, 남부지방으로는 어업을 중심으로 육류보다는 해산물의 이용이 많아 우리나라의 두장(豆醬)문화권과는 달리 어장(魚醬)문화권에 속한다.

국민의 80%가 불교 신자이며 사회주의 성향이 강한 나라이다. 역사적으로는 외세의 잦은 침입과 전쟁, 식민지화 등의 다양한 환경에 노출되어 왔다. 중국의 복속시대(BC 111~AD 938)를 통해 약 1000년간의 통치 속에 유교 · 도 · 불교사상이 도입되어 실생활에 영향을 미쳤다. 그 후 1860년 프랑스에 식민지화되면서 가톨릭 문화와 유럽의 음식문화가 도입되어 특히 상류사회에서는 프랑스식 생활양식을 선호하였다. 1954년 이후 남북으로 분단되어 10년간의 전쟁을 거쳐 사회주의 공화국으로 통일을 이루고 1992년 경제적 개방과 정부의 개방정책으로 다양한 나라의 음식문화와 베트남 고유문화가 잘 융합된 복합적인 음식문화의 발전과 이를 서방세계에 널리 알리는 계기가 되었다.

동남아시아 국가들 중 서구화된 음식문화를 가장 많이 가지고 있으며 특히 남쪽의 사이공은 동양의 파리라고 불릴 정도로 이국적인 분위기가 물씬 풍긴다.

▲ 베트남요리

2) 음식문화의 특징

(1) 중국 음식문화의 영향을 받았다

중국 음식문화의 영향으로 다른 동남아시아 국가와는 달리 젓가락을 사용하며 조리법도 주로 기름에 볶는 요리가 많으며 밥과 부식이 따로 분리되어 있다. 대체적으로 중국 음식보다는 기름을 적게 사용하여 맛이 순하고 담백하다.

(2) 프랑스 음식문화의 영향을 받았다

프랑스 음식문화의 영향을 많이 받은 베트남은 서구적인 식재료의 사용이 많은데 특히, 진한 커피, 패스트리, 바게트빵, 아스파라거스, 청대콩, 미트파테(meat pates), 샐러드, 피클 등이 있다.

(3) 쌀을 이용한 요리가 많다

쌀을 주식으로 하고 있으며 쌀을 이용하여 만들어진 가공식품의 종류도 다양한 형태로 이용되고 있다. 쌀의 생산량이 많은 베트남은 주로 안남미종이 주를 이루며 쌀로 만든 밥이나 쌀로 만든 국수 · 만두피를 만들어 빚어서 만든 요리 또는 쌀가루를 이용한 가공식품 · 라이스페이퍼(바인 쌈) 등이 다양한 요리에 이용되고 있다.

(4) 음료문화가 잘 발달되었다

물은 석회성분이 많아 음료로는 적절하지 못하다. 물은 대부분 끓인 뒤 식혀서 마시거나 생수, 사탕수수즙, 과일즙을 즐겨 마시고 더운 날씨 때문에 거리에는 음료 파는 가게가 즐비하다. 특히 식전과 식후에 마시는 '짜다'는 베트남 사람들이 가장 즐기는 전통 차에 얼음을 넣어 기름기 많은 음식 후에 꼭 먹는다.

또한 커피도 세계 2번째의 수출국답게 즐겨 마신다. 베트남의 커피는 매우 진하게 해서 연유를 넣어 마시는 것이 일반적이다.

베트남인은 맥주를 즐기는데 현지에서 생산되는 맥주의 종류만도 20종이 넘는다. 그 외에 쌀로 만든 술도 그들의 중요한 음료로 사랑받고 있다.

(5) 사찰음식문화가 있다

베트남의 종교는 유교, 불교, 도교, 기독교, 카오다이교, 이슬람교, 토속종교가 있는데 이 중 불교가 주를 이룬다. 동남아시아 국가 중 유일하게 우리나라와 같은 대승불교가 전파되어 있다.

채식 위주의 사찰음식이 널리 전해져 대중화되었다.

(6) 어장문화권이다

어장문화권에 속한 베트남은 생선을 발효시켜 만든 액젓인 느억맘(nuoc mam)으로 음식의 간을 하고 맛을 내는 데 이용하는 중요한 식품이다. 느억맘은 생선이나 새우를 끓인 후에 고추와 함께 버무려 만든 것으로 동남아시아 생선장의 원조라 할 수 있다. 짠맛이 많이 나며 우리나라의 장과 같은 기본 양념재료이다. 주로 밥에 비벼 먹거나 채소나 짜조(일종의 튀김만두)를 찍어 먹는다.

(7) 비교적 맛이 순하고 담백하다

산뜻하고 담백한 맛을 즐기는 편이며 태국음식보다 덜 맵다. 특유의 향을 지닌 고수를 생것으로 사용하여 요리한다.

3) 대표 음식

주식으로는 쌀을 이용한 음식을 주로 먹는데 여러 가지 형태로 발전하여 죽, 밥, 빵, 국수 등 종류가 다양하며 부식으로는 여러 가지 채소와 돼지고기, 닭고기 등 비교적 담백한 요리를 즐긴다.

베트남의 대표적인 소스 ● ● ● ● ●

느억 즈엄(nuoc cham)
음식을 찍어 먹을 때 필수적인 가장 중요한 소스이다.
 느억맘에 라임즙, 쌀식초, 설탕, 붉은 고추, 다진 마늘 등의 양념을 섞어 만든다. 고추와 마늘의 양과 다진 정도에 따라 매운맛이 조절된다.
이들의 식탁에서 항상 빠지지 않고 밥, 육류, 생선과 함께 먹는다.

호이신 소스(hoisin sauce)
된장, 다진 마늘, 설탕과 다섯 가지 향신료를 섞어 걸쭉하게 만든 붉은 갈색의 달콤한 소스이다.
주로 구운 돼지고기나 닭요리, 오리요리에 곁들여 먹는다.

칠리소스(chili sauce)
매운 고추, 레몬이나 라임, 설탕, 마늘로 만든 매콤하면서도 달고 새콤한 고추소스이다.

지역별 요리의 특징 ● ● ● ● ●

북부
주로 산악지대로 이루어져 있으며 근면하고 인내심이 강하며 베트남 혁명가 출신들이 많은 곳이다. 또한 중국 음식문화의 영향을 가장 많이 받은 곳이다. 쌀의 생산량이 많아 쌀을 이용한 요리가 발달되었으며 온대성 채소를 이용한 대체적으로 단순한 조리법을 선호하며 덜 자극적이고 담백한 맛이 특징이다. 북부지방의 포는 생채소를 많이 사용하지 않고 육수가 담백하며 라임주스나 후추를 많이 사용하여 새콤하면서도 맵다.

중부
베트남의 격식을 갖춘 궁중요리가 전해져 내려오고 있으며 다양한 재료의 사용으로 음식의 종류가 다양하다. 중부지역의 포는 육수가 진하고 칠리를 사용해 색을 내기도 한다.

남부
메콩강 하류의 평야지대로 베트남 제일의 곡창지대를 이루고 민물고기와 바다가 접해 있어 다양한 해산물 요리가 발달되었다. 또한 인도와 프랑스 음식문화의 영향을 많이 받아 커리, 향신료, 감자, 아스파라거스, 딸기의 이용이 많다. 팜슈거(palm sugar)를 요리에 많이 이용하여 음식이 달다.

(1) 포(pho)

베트남의 대표적인 음식으로 쌀로 만든 국수를 의미한다.

쌀국수의 국물을 만드는 방법이나 국수에 얹는 재료에 따라 종류가 수십 가지로 나눠지지만 일반적으로 쇠고기나 닭고기 뼈를 이용하여 국물을 만든 후 각종 채소인 숙주, 양파, 고추 등과 쇠고기, 닭고기, 해물 등을 올리고 여기에 각종 향신료(고수, 실란트, 바질)나 레몬즙을 기호에 맞게 첨가해서 먹기도 한다.

북부에서는 주로 아침식사로 먹지만 서부와 남부에서는 점심과 저녁식사로도 즐겨 먹는다. 거리를 지나다 보면 간식으로 먹기 위해 가판대에서 먹는 장면도 흔히 볼 수 있다. 쇠고기를 넣은 퍼보, 닭고기를 얹은 퍼가 가장 일반적이다.

(2) 고이꾸온(goi cuon)

▲ 고이꾸온

베트남인들이 아침식사로 즐기는 요리로 닭고기, 부추, 향채, 쇠고기, 삶은 새우 등을 반짱(Banh Trang; 라이스페이퍼)에 말아서 생선소스에 찍어 먹는다. 이것을 튀기면 짜조(Cha gio)가 된다. 짜조는 한국의 튀김만두와 비슷하며 속으로는 새우살, 다진 고기, 버섯, 당면을 라이스페이퍼에 싸서 바삭하게 튀겨낸 것으로 손님을 접대하거나 명절에 주로 먹는 음식이고 속재료에 따라 다양한 짜조가 있다. 반짱은 월남쌈의 재료로 지름이 약 30센티미터 정도로 둥근 보름달 모양의 쌀페이퍼이다.

(3) 반미(banh mi)

쌀을 주재료로 밀가루를 섞어서 만든 것으로 바게트처럼 생겼으며 크기는 약 30

센티미터 정도로 약간 작다. 반짱과 마찬가지로 쉽게 상하지 않고 보관이 편하므로 널리 이용된다.

▲ 반미

(4) 반짱(banh trang)

월남쌈의 재료가 되는 반짱은 베트남에서는 다양한 요리의 재료가 된다. 쌀가루로 구워 볕에 말려 둥글고 딱딱한 모양으로 만들어진 반짱은 보관과 휴대가 간편하여 수많은 전쟁과 더운 기후 속에서 훌륭한 동반자가 되어 왔다. 언제 어디서나 물에 불리거나 불에 구워 먹을 수 있으며 뜨거운 햇볕을 가리거나 부채로 사용할 수 있었기 때문에 전쟁 식량으로 항상 베트남인들의 사랑을 받아온 식품이다.

불에 구워서 먹는 두꺼운 반느웅(banh nuong)과 주로 음식을 싸서 먹는 비교적 얇은 반꾸온(banh cuon)으로 나뉜다.

(5) 껌(com)

베트남도 다른 아시아 국가와 마찬가지로 쌀이 주식이다. 쌀을 뜻하는 껌은 소고기, 닭고기, 새우 등과 함께 간단하게 식사를 할 수 있다. 우리나라의 덮밥과 유사하다. 껌보(com bo, 쇠고기덮밥), 껌 까리 가(com ca ri ga, 닭고기 카레덮밥), 껌 땀(com tam, 새우덮밥)이 대표적이다.

(6) 열대 음료

열대 과일을 이용한 저렴한 과일주스를 많이 마신다. 음식 또는 커피에 딸려 나오는 전통차인 느윽짜(nuoc cha)에 얼음을 넣어 보리차 맛이 나는 짜다(tra da), 거리에서 자주 볼 수 있는 사탕수수즙인 느윽 미아(nuoc mia), 제리와 콩을 코코넛에 담은 쩨(che) 등이 있다.

(7) 열대 과일

① 타인롱(thanh long)

파인애플과 키위 맛이나는 선인장 열매인 타인롱은 드래곤 프루트(dragon fruit)라고도 불린다. 베트남의 '나짱' 지역에서 5월과 9월 사이에 많이 나는 특산품으로 용의 모양을 한 과일로 단맛이 적은 편이며 수분이 많고 하얀 속은 검은깨 모양의 씨앗이 촘촘하게 박혀 있는데 씹을 때의 독특함이 특징이다.

▲ 타인롱

② 망커우(mang cau)

겉이 울퉁불퉁하고 불상의 머리모양을 하였다고 석가두, 불두과라고 하며 서양에서는 슈거 애플(sugar apple)이라 부른다. 단맛이 강한 하얀 과육에 씨가 많다.

4) 식사예절

① 보통 대형 용기에 밥을 담아내면 각자 밥을 덜어 먹는다. 우리나라의 제주에서

도 60~70년대는 밥상에 커다란 양푼을 올려 각자가 떠서 먹었다. 베트남 사람들은 여러 사람들이 같이 먹을 수 있도록 음식을 큰 그릇에 담아 식탁 위에 놓고 공동으로 먹는다

다만 식사 전에는 상에 준비된 종이로 수저를 닦고 먹는다. 각자 자신의 밥그릇에 밥을 담고 입가에 밥그릇을 대고 젓가락으로 밥을 입안으로 털어넣는데 이 때문에 한 손에 쥐어질 수 있는 작은 밥그릇을 이용하며 숟가락은 국을 떠먹을 때만 사용한다. 우리나라와는 약간 다른데, 역시 밥을 다 먹으면 젓가락을 밥그릇 위에 가지런히 놓아야 하며 식사는 식탁에 앉아서 하고 식탁 위에 숟가락을 놓을 때는 반드시 엎어서 놓아야 한다.

② 밥에다 국을 말아서 먹는다

우리나라는 국에 밥을 말아먹지만 베트남은 밥에 국을 말아서 먹는다.

③ 밥그릇과 접시는 세트이다

베트남에서 조금 격식을 차린 자리에서 식사할 때에는 테이블에 찻잔과 접시가 있다.

이 접시는 어디까지나 '접시'이므로, 겹친 상태로 사용하고 뼈와 조개껍질 등이 나왔을 이 접시에 놓으면 된다.

단, 밥그릇에 다른 음식이 들어 있는 상황에서 또 다른 음식을 덜고 싶을 때는 접시를 사용해도 괜찮다. 한국이라면, 뼈 등의 음식 찌꺼기가 나왔을 때 테이블 위에 그냥 놓아둘 경우도 있지만 베트남에서 보면 매우 지저분한 일이다. 베트남에서는 바닥에 버리는 것이 옛날의 방식이지만 지금은 집에서 식사할 때, 바닥을 깨끗이 하기 때문에 외식하는 경우에도 바닥에 버리는 행동을 자제한다.

④ 그릇에 입을 대지 않고 꼭 숟가락을 사용한다

한국에서는 라면이나 국수를 먹을 때, 사발에 입을 대고 국물을 마시는 것은 별 문제 없지만, 베트남에서는 남자라도 다른 사람 앞에서 그러한 행동을 하면 대단히

부끄러운 것이다.

⑤ 다른 사람에게 요리를 덜어줄 때는 젓가락을 뒤집어서 사용한다

베트남에서는 요리가 큰 접시로 나오기 때문에 각자가 제 밥그릇에 나눠서 먹는다. 그때, 손이 닿지 않는 사람에게 덜어줄 때는 젓가락의 반대쪽을 사용해야 한다. 단, 자신이 먹을 것을 덜어갈 경우에는 뒤집지 않아도 상관없다.

⑥ 물과 물수건은 유료이다

한국에서는 기본적으로 물과 물수건이 제공되지만 베트남은 테이블에 놓인 물수건이 유료이다. 대체로 2천 동 정도 하는데, 돈이 들고 물수건에서 향료가 나기 때문에 최근에는 베트남 사람들도 물티슈를 가지고 다니는 사람들이 많아졌다.

또, 베트남에서는 물이 무료로 나오는 경우가 별로 없어 차를 주문하기도 한다.

⑦ 테이블 위에 놓인 것 중 먹은 것만 지불한다

가게에 따라서는 테이블 위에 과자나 가공식품들이 놓여 있는 경우가 있는데, 이것들은 무료가 아니라 먹은 것들은 돈을 지불해야 한다.

⑧ 술을 계속하여 권한다

술잔을 돌리지는 않는다. 베트남 속담에 "아침에 차 한 잔, 저녁에 술 석 잔"이면 장수한다며 차와 술을 좋아한다.

⑨ 찬물을 거의 마시지 않는다

전통적으로 뜨거운 차 마시는 것을 좋아하며 상대방의 찻잔이 비지 않도록 찻잔을 채워주는 것을 예절로 하고 있다. 차는 뜨거운 차를 즐긴다. 한꺼번에 마시지 않고 조금씩 음미하면서 마신다. 술은 바이허이(Bia Hoi)라는 생맥주를 즐긴다. 예전 우리나라에서 막걸리를 주전자로 사갔 듯이 그들도 큰 플라스틱통에 사다가 얼음을 넣어 마신다. 쌀술은 특별한 날에 마신다.

⑩ 약간의 음식을 남기는 것은 배가 부르다는 것을 나타내는 공손한 표현이다.

⑪ 베트남은 한국, 중국, 일본과 함께 전형적으로 젓가락을 사용하는 국가다. 때로는 오른쪽 손가락을 사용하기도 한다. 포크는 젓가락과 숟가락의 보조도구 개념으로 사용된다.

6. 사색의 나라, 인도

1) 음식문화의 형성배경

세계 4대 문명 중 인더스 문명의 발상지로 화려한 번성시대를 누렸고, 서남아시아와 동남아시아에 걸쳐 남아시아에 위치하고 있으며 북쪽의 히말라야산맥 아래 카시미르계곡으로 산악지형을 이루고 있어 세계 최고 품질의 홍차가 생산되며, 남쪽으로는 케이프 코모린까지 동서쪽으로는 인더스강 유역과 갠지스강 하류의 습지대에는 넓은 평야가 발달하여 쌀의 생산량이 많다. 넓은 국토와 산악지대, 열대성 지대, 정글, 사막 등 다양한 지형적 환경과 다민족의 구성, 18개의 언어와 300종의 방언이 있는 다양한 언어, 5종 이상 종교의 복잡성으로 인도의 음식문화는 다양하게 발전해 왔다.

남북한 전체면적의 약 15배이며 수도는 뉴델리이다.

기원전 3000년 드라비다족에 의한 인더스 문명의 발생지로 기원전 2000년경에 아리아족의 지배를 받기 시작했다. 아리아족은 중앙아시아 일대에 살던 유목민으로 페르시아(지금의 이란)의 부족으로 그들의 종교인 브라만교를 인도의 토착민 드라비다인을 지배하기 위해 만든 카스트 제도를 확립하여 자신들은 카스트 계급의 상부를 차지하며 인도를 지배하였다.

아리안족의 종교인 브라만교는 신을 모시는 사제 계급인 브라만을 중심으로 제사의식과 신에 대한 찬양이 담겨 있고, 이와 같은 베다문화는 이 시기에 형성된다. 베다경은 철학적 사고를 총망라한 인류 최초의 문학적 성전이라 일컬으며 후에 힌두교의 모태가 된다.

이렇듯 아리아인에 의해 힌두교가 인도에 들어오면서 힌두교는 인도인들의 생활과 음식문화에 큰 영향을 미치게 되었다.

또한 인도는 17세기부터 서방국가의 잦은 침입으로 여러 문화가 유입되었으며, 18세기 후반에는 영국의 직할시로 편입되어 1947년 간디에 의해 독립할 때까지 100년간 영국의 지배를 받았다.

2) 음식문화의 특징

인도는 많은 다민족의 나라로 다양한 지형과 민족구성, 종교가 복잡하므로 무척이나 다양한 사회이며, 생활수준도 현저한 차이를 보인다. 따라서 인도음식을 어느 한 가지로 일반화하기는 어렵다. 인도음식은 북구와 남부, 동부와 서부 간의 지역차가, 종교와 카스트 계급에 따라 다양하게 나타난다.

(1) 북부와 남부의 주식이 다르다

인도의 주식은 북부와 남부 지역에 따라 차이가 있다. 북인도에서는 밀이 많이 생산되며 중동이나 유럽에 걸친 보편화된 식생활의 영향으로 밀가루로 만든 차파티나 난을, 남인도에서는 쌀의 생산량이 많아 밥을 주식으로 한다. 하지만 인도 전역에 걸쳐 가장 보편적으로 이용되는 것은 쌀이다.

쌀을 이용한 조리법도 다양하여 쌀이 어느 정도 익으면 밥물을 버린다든지, 설익은 상태의 밥을 그냥 먹기도 한다. 또 남부 벵골에서는 죽을 쑤어먹고, 설익은 쌀을 으깨어 말린 후 물에 말아서 먹거나, 기름에 튀겨 먹기도 하며, 북부 인도인들은 쌀을 기름에 볶다가 뜨거운 국물을 붓고 약한 불에서 수분이 다 흡수될 때까지 끓여서 만든 필라프를 주로 먹는다.

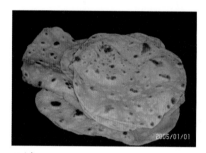

북인도에서는 주로 로티(roti: 인도식 빵의 총칭)가 주식으로 많이 이용되는데 밀가루 반죽을 발효시킨 난(naan)과 발효시키지 않은 차파티(chapati)로 나뉜다.

▲ 난

(2) 콩의 이용이 광범위하다

인도에서 가장 널리 쓰이는 식재료인 콩은 힌디어로 달(dhal)이라 하며 이는 콩을 넣어 만든 요리를 통칭한다. 주로 콩 껍질을 벗기고 쪼개어 조리하기 편하게 만들어 사용한다. 이것을 부드럽게 삶아 마샬라를 가미해 끓여서 먹고 우리나라의 된장국과 같이 매끼마다 빠지지 않고 먹는 소박한 음식이다.

(3) 종교적인 성향이 강한 식생활을 가지고 있다

종교적인 배경에 의해 식생활이 제한적이다. 인도인의 80%가 힌두교와 불교도이며, 힌두교의 식습관은 정신과 영혼의 순결함을 강조한다. 이들은 거의 채식주의자이며, 술과 고기는 오염된 음식으로 간주하므로 육식에 대한 허용범위는 힌두교인들 간에 차이가 있다. 예를 들면 노동자와 군인에게는 체력을 위해 육식을 허용하는가 하면 일부 브라만들은 그 지역에서 생산되는 육식을 먹는 것을 제한적으로 허용한다. 또 해안지역에서는 생선을 허용하고 일부 북부지역에서는 양고기를 허용한다. 어떤 힌두 집단은 육식은 영혼에게 재앙을 가져오므로 먹으면 내세에 사람으로 태어나지 못하고 자기가 먹은 동물의 먹이가 되는 동물로 태어난다고 믿는다.

신앙심이 깊은 힌두교도들은 정오까지 어떤 종류의 음식도 먹지 않고 정오와 취침 전에 식사한다. 또한 한번 사용한 부엌 용기 및 그릇, 스푼은 완전히 정제되지 않아 다시 쓰기를 꺼린다. 먼저 식사 전 물로 양손을 씻고 오른손으로 식사하며 왼손은 신체의 개인적인 기능에 사용되므로 식탁 위로도 올리지 않는 것이 예의이다. 식사 중 이야기하는 것은 아주 무례한 일이므로 조용하게 식사한 후 손을 씻고 양치 후 이야기를 시작한다.

자이나교도들은 모든 생명체는 영혼을 가지고 있다고 믿고, 동물을 살해하거나 공물로 이용하는 것을 배척한다. 만약 음료수 속에 벌레가 있다 해도 입으로 잘 불어 음료수만 마셔야 하며 벌레를 잡아서도 안 된다. 숨을 쉴 때 벌레를 흡입할 수 있어 마스크를 항상 하고 있어야 하며 걸을 때도 발에 생명체를 밟아 죽이는 일을 방지하기 위해 빗자루로 쓸며 다닌다. 철저한 채식주의자들이며 단식을 자주 실행하며 단식으로 인한 죽음을 극도로 칭찬한다. 이렇듯 인도인들의 30% 정도는 엄격한 채식주의자들이다. 불살생을 강조하는 힌두교와 불교, 자이나교의 영향으로 곡류, 두류, 채소를 이용한 음식이 발달되었고, 약간의 유제품과 알류도 먹지 않는다.

(4) 식생활에 카스트 제도의 영향을 많이 받았다

인도인들의 생활은 카스트 제도에 의해 철저히 지배되었고, 식생활 전반에서도 적용되었다. 제사를 담당하는 브라만 계급과 정치를 하는 크샤트리아, 농사와 목축, 상업에 종사하는 바이샤, 최하층민인 수드라의 4계급으로 나뉘어 있다.

부정한 음식을 먹으면 후생에 하위의 카스트로 태어난다고 믿기 때문에 개, 고양이, 낙타, 육식동물의 고기, 쥐나 벌레가 먹은 음식, 미리 조리되어 파는 음식, 부정한 사람이 만든 음식은 철저히 제한하였다. 태어나면서부터 특정 카스트에 속하게 되고 결혼, 직업 등은 같은 카스트 계급 내에서만 허용되었다. 자신보다 상위의 카스트나 동일한 카스트에 속한 사람이 조리한 음식은 정(淨)한 것이며, 그렇지 않으면 부정(不淨)한 것으로 생각하였다. 식사 시에도 같은 카스트 계급만이 동석한다.

(5) 향신료의 사용이 광범위하다

다양한 향신료의 천국이라 알려진 인도에서는 요리에 있어서 향신료의 사용이 풍
부하고 다양하여 모든 음식의 맛을 좌우한다고 할 수 있다.

특히 인도 음식의 마술사라 불리는 마샬라는 고수, 커민, 훼누그릭, 터메릭, 카다
몸, 사프란, 월계수잎, 아니시드, 펜넬, 딜, 클로브, 사이닌페퍼, 메이스, 너트맥, 칠
리페퍼, 박하잎, 마늘, 생강, 겨자, 계핏가루, 후추 등을 적절하게 배합하여 만든 것
으로 인도의 가정마다 독특한 마샬라를 가지고 있다.

향신료의 혼합하는 양이나 방법에 따라 여러 가지 맛과 용도로 나뉘어 인도 요리
의 다양성에 기여하고 있다.

3) 대표 음식

인도는 식사 시 모든 음식이 한꺼번에 개인별로 제공되며 거의 모든 음식에 향신료를 즐겨 쓰며 장시간 은근히 가열해서 식재료들이 충분히 스며들게 조리하는 음식이 많다.

지역별 요리의 특징 ● ● ● ● ●

북부지역
북인도는 오랜 기간 이슬람의 지배하에 있어서 이슬람 음식의 영향을 많이 받고 있다. 육류는 돼지고기를 제외하고 다양하게 쓰이며 주로 향신료를 넣어 끓이거나 튀기거나 스튜형태의 요리가 많다. 부드럽고 농후한 맛이 특징이며 밀과 차의 산지이기 때문에 밀로 만든 음식과 차를 즐긴다.

남부지역
남·동부 해안의 평야지대에서 쌀이 많이 생산되어 찌거나 볶은 쌀요리가 흔하고 벨푸리(bhelpuri)라는 쌀로 만든 뻥튀기를 스낵으로 먹는다. 정통파 힌두교도가 많아 육류의 섭취가 적고 채식 위주의 비교적 단순한 식생활을 하고 있다. 밥과 함께 콩, 향미가 강한 채소, 과일로 만든 피클 처트니(chutney), 요구르트에 향신료를 첨가한 파차디(pachadi) 등을 먹는다. 주로 수증기로 찌는 요리법이 많이 쓰이며 코코넛 밀크를 물이나 육수 대신 사용하고 크림을 많이 이용한다. 커피가 많이 생산되는 지역이므로 커피를 즐겨 마신다.

---

(1) 커리(curry)

▲ 커리

커리는 육류나 채소를 넣어 걸쭉한 스튜형태로 만든 맵고 양념 맛이 강한 음식을 총칭하는 말로 밥이나 빵(로티), 국수와 함께 먹으며 이때 처트니(chutney, 채소나 과일절임), 견과류, 코코넛을 곁들이기도 한다.

커리의 어원으로는 여러 가지 설이 전해지고 있는데 첫째로 "향기롭고 맛있다"의 힌두어가 영국의 curry로 바뀌어 전해진 설이 있고 둘째, 남인도어의 kari(소스)가 어원이라는 설 셋째, 석가가 깨달음을 얻고 커리 지역에서 설법을 전하는 중 머리에 두른 터번 속에서 나무열매, 풀뿌리, 잎사귀를 꺼내 나눠주었는데 대중이 이를 불로장수의 명약으로 여겼다 하여 그 지역명을 따서 커리라 부르게 되었다는 설도 있다. 그 외 무쇠로 만든 팬 'karhai(카라이)'에서 유래하였다고 하는데 카라이는 중국의 훠궈와 유사한 팬으로 인도 전역에서 두루 사용되는 조리기구이다.

커리는 여러 종류의 향신료를 배합하여 사용하는데, 일반적으로 후추 · 너트맥 · 생강 · 계피 · 정향 · 코리앤더 · 커민 · 딜 · 회향 · 심황 · 시나몬 등을 혼합하여 쓴다. 특히 심황은 커리 특유의 노란색을 내는 천연원료로 애리조나대학의 데이비드 키퍼 박사의 장수하는 10가지 음식 중 하나로 선정될 만큼 커리의 영양학적 우수성이 입증된 바 있다.

고기를 이용한 커리에는 주로 양고기와 닭고기, 생선을 이용한다. 인도에서는 머튼 커리와 치킨 커리를 가장 많이 먹는다.

(2) 탄두리치킨(tandoori chicken)

탄두리(tandoori)는 가운데가 불룩한 원통모양의 진흙 화덕을 의미하며 이집트에서 발명되어 무굴인에 의해 인도에 전해지게 되었다. 탄두리 바닥에 숯을 깔아 가열하여 사용하며 양념한 닭고기나 양고기, 새우, 생선 등이 이용된다.

▲ 탄두리치킨

특히 북인도에서는 요구르트, 고추, 정향, 계피 등의 향신료로 양념한 닭을 탄두리 화덕에 구워낸 음식을 '탄두리치킨'이라 하며 펀자브 지방의 유명한 향토음식이다.

(3) 사모사(samosa)

얇은 반원형의 밀가루 반죽에 다진 고기와 채소(감자 등)를 속에 채워 삼각형 모양으로 접어 튀긴 음식이다.

속재료는 북부(주로 고기를 양념하여 넣음)와 남부(콩과 감자를 양념하여 넣음) 지방이 다르지만 인도인들은 주식으로 먹기도 하고 과일(사과, 바나나 등)을 이용하여 후식으로 즐기기도 한다.

또한 이와 비슷한 음식으로 밀전병을 튀긴 파파덤(pappadams)에 여러 가지 소스나 커리, 처트니(chutney)를 올려 간식으로 먹기도 한다.

(4) 로티(roti)

북부인도의 주식인 로티(roti)는 힌디어로 빵을 총칭하는 말로서 발효빵(naan, kulcha)과 비발효빵(chapatti, paratha, puri)이 있다.

① 난(naan)

밀가루에 효모를 넣고 약간 부풀려 탄두리 화덕의 안쪽 면에 넓은 잎사귀 모양으로 얇게 늘여 붙여 납작하게 구운 빵. 난을 종이처럼 얇게 구운 것을 탄나와라고 한다.

② 쿨차(kulcha)

효모를 넣고 부풀려 탄두리에 구운 타원형의 빵 혹은 양파를 넣은 밀가루 빵을 기름에 튀긴 빵이다.

③ 차파티(chapatti)

밀가루에 보리, 콩 등을 섞어서 반죽하여 두께 1~2mm, 직경 20cm 정도로 둥글게 구운 빵으로 부풀리지 않고 철판에 납작하게 굽는다.

④ 파라다(paratha)

통밀을 갈아 부풀리지 않고 기(ghee, 정제버터)를 발라 납작하고 바삭하게 구운 빵이다.

⑤ 푸리(puri)

통밀로 만든 납작한 반죽을 튀긴 빵이다.

(5) 짜이(chay)

짜이는 우유에 설탕을 넣고 커민 같은 향신료를 첨가한 후 끓인 붉은빛이 도는 홍차이다. 인도의 대표적인 음료수로 사람들이 모인 장소에는 어김없이 짜이 가게가 있다.

4) 식사구성

① 인도의 손으로 하는 식사

흔히 인도의 전통요리 음식점에서는 숟가락을 주지 않는 곳이 많다. 인도인들은 손을 음식을 먹기 위한 도구로 생각한다. 특히 엄격하게 오른손으로 구별하여 식사하고 엄지의 기능이 중요하다.

한문문화권이나 구미 기독문화권 외에 손으로 먹는 수식문화권은 이슬람문화권, 힌두문화권, 일부 동남아 지역을 비롯해 전 세계 인구의 약 40%에 달하는 24억 명 정도로 추정하고 있다.

수식문화권은 수저 등의 도구를 이용해서 식사하는 문화권에 대해 여러 가지 의문점을 가지고 있다. 먼저, 손가락은 매우 기능적이지만 수저는 비기능적으로 생각한다. 그리고 먹고자 하는 적량을 집을 수 없어 비효율적이라 지적하고 있다. 또한 수저는 식사 시 리듬감을 느낄 수 없어 흥을 느낄 수 없다고 생각한다.

손으로 먹는 만큼 고대로부터 식사규칙이 엄격하다. 아침, 저녁으로 음식을 먹기 전과 먹은 후에 손과 발, 입을 깨끗이 해야 하며 음식 만드는 하인은 부엌에 들어가기 전에 턱수염과 머리를 깎고, 손톱을 손질하고, 목욕을 해야 한다. 불교시대에는 다른 규칙들이 더해져 BC 300년 전부터 사람들은 입 속에 음식이 있을 때 말하지 말 것, 음식을 게걸스럽게 먹지 말 것, 먹는 동안 손을 흔들지 말 것, 소리 내면서 먹지 말 것, 손이나 식기를 핥지 말 것 등을 요구했다. 또 자신의 접시에서 다른 사람의 접시로 음식이 이동할 수 없고, 음식을 남기는 일은 거의 없다. 이러한 규칙은 위생적인 면을 충분히 하였음을 짐작한다. 특히 수식은 서구화된 가정에서도 행해지고 있고, 인도 음식에 관한 중요한 상징으로 여겨지고 있다.

5) 식사예절

① 기본적으로 손으로 밥을 먹는 문화이며 오른손을 사용하는 것이 원칙이다. 그러므로 식사 전 손을 씻는 것은 필수사항이다

인도 전통식당에서는 레몬이 담긴 따뜻한 물이 나오는 경우가 많은데 이는 손을 씻는 용도이므로 마시면 안 된다.

여행 시, 손으로 먹는 것이 불편하다면 스푼을 달라고 해서 먹어도 된다.

② 인도인들은 저녁식사를 비교적 늦게 시작한다

즉 초청시간이 7시라 해도 그때 음식이 서빙되는 것이 아니라 먼저 반주 혹은 스낵 등을 먹고, 실제 저녁은 9시 이후가 되어야 제공된다.

③ 인도 음식에는 향신료가 많이 포함되어 있으며 채식주의(Vegetarian)인 사람이 많아 채식음식이 제공되는 경우가 많은바, 인도사람의 집에 초대받는 경우 이런 음식을 잘 먹는 모습을 보여주면 상대방의 호의적인 반응을 느낄 수 있을 것이다.

④ 인도 호스트들은 손님이 음식을 완전히 깨끗이 비우기보다 조금 남기는 것을 좋아한다. 남긴다는 것은 충분히 배가 부르다는 의미이며, 이는 주인의 대접이 훌륭했음을 나타내는 표시이다.

⑤ 북쪽 지방에서는 손가락 3개 이상에 음식물 묻히는 것을 좋게 생각하지 않는다. 다만 구워진 음식이나 질퍽거리지 않는 음식들이 많으므로 어렵지 않다. 짜파티 혹은 난 등 주식을 커리에 감싸서 먹으므로 손에 음식물이 묻는 경우는 거의 없다. 남쪽 지방에서는 질퍽한 쌀요리가 많기 때문에 손 전체를 다 써도 상관 없다. 비르야니 등과 같은 볶음밥 등의 요리는 손 전체를 사용하여 먹는다.

⑥ 인도인들은 다른 사람들과 체액을 나누는 것을 오염이라 생각하기 때문에, 식사할 때 공통의 그릇에서 자신의 탈리(Thali, 금속 쟁반)로 덜어 먹는 것이 일반적이다. 덜 때는 손이 아닌 전용 스푼 등 도구를 이용한다. 그리고 일단 자신의 탈리에 담긴 음식은 오염된 것으로 간주되기 때문에, 그것을 상대방에게 다시 덜어주는 것은 금기이다. 쓰던 스푼이나 컵을 공유하는 것도 피하려 하는 편이다.

▶ 힌두교식 정(淨)−부정(不淨) 관념으로 인해, 하위계급이 만든 음식들은 오염된 것으로 간주된다. 예를 들면, 브라만 계급 사람들은 같은 계급인 브라만이 만든 음식만을 먹어야 한다는 인식이 있는 것이다. 따라서 브라만 출신의 요리사가 매우 우대되는 등, 요리사 계급이 어떻게 되는지도 상당히 중요하게 취급되고 있다.

7. 케밥 나라, 터키

1) 음식문화의 형성배경

터키는 보스포러스 해협, 마르마라해, 다르다넬스 해협을 경계로 아시아지역인 아나톨리아와 유럽지역인 트라케로 나누어진다. 동쪽으로는 이란, 아르메니아, 서쪽으로는 그리스, 불가리아, 남쪽으로는 이라크, 시리아, 지중해 북쪽으로는 흑해와 접해 있다.

현재 터키 전 국민의 약 80%가 쿠르드인, 그리스인, 아랍인 등이 섞여 살고 있으며 전 국민의 95% 이상이 이슬람교를 믿고 있다. 그 밖에 약간의 기독교도와 유대교도 등이 있다.

넓은 국토와 지형에 따라 다양한 기후를 나타낸다. 지중해와 접하고 있는 터키의 해안지방은 온화한 지중해성 기후를 보여 여름에는 고온건조하고 겨울에는 한랭 습윤하고 온화한 기후를 보인다. 내륙은 해안과 가까운 산맥 때문에 터키 내륙은 계절 차가 대단히 큰 대륙성 기후로 겨울에는 매우 춥다.

터키는 유럽과 아시아를 연결하는 동서관문이자 문명의 발상지로서 과거 히타이트, 로마, 비잔틴, 오스만 대제국을 거쳐 1923년 터키공화국으로 건국되었다.

2) 음식문화의 특징

중앙아시아의 유목생활을 하면서 당나라 패권에 밀려 서쪽으로 진출해 아나톨리아 반도에 정착한 터키족은 유목문화와 고대 아랍의 여러 나라와 로마, 비잔틴, 오스만 대제국의 전통을 이어 오면서 지중해성 문화 그리고 오스만제국의 화려한 대제국 문화가 서로 융합되어 독창적인 음식문화를 형성하게 되었다. 특히 유목생활에서 볼 수 없었던 여러 종류의 신선한 채소, 과일, 육류, 해산물 등을 이용한 다양한 음식을 개발해 나가면서 터키 음식문화에 다양성과 풍성함을 더하게 되었다.

한편 오스만 제국 시대의 궁정과 귀족들의 화려한 연회와 향연으로 요리사들은 자신의 모든 기술과 재능을 발휘하여 독창적인 음식을 만들어야 했다. 이는 터키음식이 예술적으로 한층 발달할 수 있었던 원동력이 되었다.

1923년 터키공화국 설립 이후 터키의 서구화 정책은 터키 전통음식문화에 서구적 요소를 더함으로써 프랑스, 중국과 더불어 세계 3대 요리 중 하나로 각광받게 되었다.

(1) 주식을 빵으로 한다

밀이 풍부한 터키에서는 매 식사 때마다 빵을 먹는다. 그 외에 밀로 만든 에리쉬테(밀가루를 반죽하여 가늘게 밀어 우리의 칼국수와 같은 것), 만트(만두와 유사),

뵈렉 등도 즐겨 먹는다.

(2) 술과 돼지고기는 금기시하고 양고기를 선호한다

터키인들의 대다수가 이슬람교도로 돼지고기가 불결하다고 하여 먹지 않으며 음주문화는 유목민들의 오랜 전통이었으나 이슬람 수용과 함께 술은 하람으로 모든 악의 근원이라 하여 금지되었다.

이슬람교도들의 명절인 라마단(Ramadan)은 이슬람달력 9월에 해당하며 아랍어로 '더운 달'을 뜻한다. 천사 가브리엘(Gabriel)이 무함마드에게 코란을 가르친 신성한 달로 여겨 이슬람교도는 이 기간 동안 일출에서 일몰까지 의무적으로 금식하고, 날마다 5번의 기도를 드린다. 라마단 시기에는 낮 동안 물과 모든 음식의 섭취나 흡연을 금한다. 이는 자기훈련과 믿음의 행동으로 알라의 뜻에 완전 복종함을 의미하며 항상 굶주린 가난한 자에 대해 연민을 갖도록 하는 것이다. 라마단이 끝나고 다음 날부터 시작되는 새로운 달은 금식을 깨는 축제인 이드알피트르(id al-fitr)가 시작된다. 이때는 3일간의 호화스런 음식축제와 선물을 주는 축제가 벌어진다. 이 축제기간의 상차림은 연중 가장 푸짐하다.

(3) 굽는 조리법이 발달하였다

무엇이든지 불에 구워 먹는 걸 즐기는 터키의 문화는 유목생활에서 비롯된 것으로 가축을 몰고 평원을 따라 끊임없이 이동하는 생활은 물이 귀하기 때문이다. 따라서 자연히 굽는 조리법이 발달하였다.

(4) 맵고 자극적인 향신료를 많이 사용한다

목축업의 발달로 육류음식을 선호하며 특히 양고기 특유의 누린내를 제거하기 위해 향신료의 사용은 오래전부터 발달하였다. 특히 커민, 터메릭, 파프리카, 고추 등의 맵고 자극적인 것을 좋아한다.

(5) 유제품을 많이 이용한다

우유 및 유즙을 발효시킨 치즈, 요구르트 등의 유제품을 음료뿐 아니라 요리에도 많이 이용한다. 특히 요구르트는 고기요리의 소스, 샐러드의 드레싱으로 주로 이용된다.

(6) 생선과 채소 및 과일을 이용한 요리가 발달하였다

삼면이 바다로 둘러싸여 있으며 기후가 좋아 신선한 생선과 채소, 과일이 풍부하다.

(7) 차를 즐긴다

어린아이로부터 어른까지 식사 후는 물론 일과 중에 자주 차를 마신다. 일부 사람들은 아침식사 대신 차를 마시고 끝내기도 한다. 이러한 관습은 서양으로부터 영향을 받아 나타난 현상으로 여겨진다. 심지어 손님에게 차를 대접했을 경우, 차를 마시지 않는 것은 마치 인사를 받지 않은 것으로 간주되기도 한다.

터키의 디저트는 단맛이 강한데 그 이유는 달콤한 음식을 먹으면서 달콤하고 즐거운 이야기를 나누자는 의미가 담겨 있다.

3) 대표 음식

목축업과 농업 및 어업의 발달로 식재료가 풍부하여 다양한 음식이 발달하였다. 밀을 이용한 빵이 주식으로 다양한 빵류가 발달하였고 오랜 유목생활로 쇠고기, 양고기, 닭고기 등의 고기를 이용한 음식이 많다.

(1) 메제(mezze)

▲ 메제

전채요리로 식사가 나오기 전에 한 접시에 몇 가지 샐러드를 모아서 먹을 수 있도록 담아낸다. 메제는 페르시아의 maza(맛 또는 미각)에서 온 것으로 기분 좋게 미각을 즐기기 위해 차려지는 음식이다.

터키인이 즐겨 먹는 돌마(dolma), 살라타(sala-ta), 가지·토마토·고추를 삶아 으깬 것, 식초에 절인 올리브들이 함께 담겨 나와 여러 가지 맛을 느낄 수 있다. 이때 요구르트도 함께 곁들인다.

(2) 빵

터키인은 주식으로 빵을 먹는다. 빵은 이동하는 유목민들에게는 매우 보관이 쉽고 먹기 편한 필수 음식이었다.

주식으로 먹는 빵은 프랑스의 바게트와 비슷한 모양을 한 에크멕(ekmek)과 밀가루로만 만든 얇고 둥근 피자모양의 피데(pide)가 있다.

간식용으로는 도넛 모양의 빵 과자로 깨가 붙어 고소하고 짭짤한 시미트(simit)나 요구르트나 치즈를 넣어 만든 부드러운 포아차(pogaca), 치즈나 달걀, 각종 채소와 간 고기 등이 들어 있는 얇은 패스트리를 튀기거나 구운 보렉(borek) 등이 있다.

에크멕

피데

시미트

포아차

(3) 필라프(pilav)

쌀 또는 밀을 볶아 말린 불구르(bulgur)를 닭고기, 간, 땅콩, 건포도 등을 넣고 버터에 볶은 다음 육수를 넣어 만든 밥으로 우리나라의 볶음밥과 비슷하다.

특히 쌀을 이용한 베야즈 필라프(beyaz pilav)를 즐겨 먹는다.

(4) 케밥(kebab)

얇게 썬 양고기나 쇠고기, 닭고기를 긴 꼬치에 꿰어 숯불에서 굽는 요리이다. 터키인들은 양고기로 만든 케밥을 즐겨 먹는다.

케밥은 만드는 재료나 방법, 소스에 따라 300여 가지에 이를 정도로 종류가 다양하다. 케밥은 구운 고기, 토마토, 양배추 등의 여러 가지 채소와 함께 피데에 싸서 먹는다. 케밥의 종류에는 깍두기 모양으로 썬 고기와 채소를 꼬챙이에 끼워 구운 쉬시 케밥(shish kebab), 얇게 썬 고기를 몇 겹으로 금봉에 감아 회전시켜 가며 굽는 도네르 케밥(doner kebab), 자른 고기와 채소를 함께 항아리에 담아 항아리째로 오븐에 굽는 촘맥 케밥(commk kebab), 잘게 자른 고기를 여러 가지 매운 양념에 버무려 모양을 잡아 꼬치에 끼워 굽는 아다나 케밥(adana kebab) 등이 있다.

(5) 파스티르마(pastirma)

터키의 전통음식으로 쇠고기나 양고기에 향신료를 뿌려 소금에 절인 다음 햇볕에 말린 것으로 우리나라 육포와 유사하다. 장기간 보관이 쉽고 운반하기에도 편리하여 터키민족의 유목 이동 생활에 애용되어 왔다.

▲ 파스티르마

(6) 쾨프테(kofte)

다진 쇠고기에 여러 가지 양념과 다진 채소를 섞어서 일정한 모양을 만든 다음 석쇠에 구운 음식이다. 빵과 구운 고추, 생토마토를 곁들여 먹는다.

꼬치에 꽂아 굽는 시슈 쾨프테(shish kofte), 양파와 쌀을 넣어 만든 삶은 쾨프테에 달걀을 발라 구운 카딘부두 쾨프테(kadinbudu kofte) 등이 있다.

(7) 돌마(dolma)

돌마는 속을 채운다는 의미로, 가지나 토마토와 같은 채소 속에 갖은양념을 한 쌀을 넣거나 포도나무 잎으로 싸서 찐 음식이다.

홍합 속에 조리한 쌀이나 잣을 채워놓고 찐 미디에 돌마(midye dolma)나 전갱이 배에 잣이나 향초를 채워 넣고 오븐에서 찐 우스쿰루 돌마(uskumru dolma) 등 어패류를 쓴 것도 있다.

(8) 카블마 & 키자르트마

터키의 튀김요리로 카블마(kavurma)는 양고기를 적은 양의 기름에 튀기거나 볶은 뒤 토마토, 양파 등을 곁들이며, 키자르트마(kizartma)는 가지와 감자, 피망 등을 튀겨서 위에 토마토 소스를 곁들인 것으로 상큼한 맛이 특징이다.

(9) 튀르수수(tursusu)

터키식 짠지로서 채소를 소금에 절인 후 식초, 겨잣가루, 정향유 등을 넣어 10일 이상 삭힌 것으로 우리나라의 김치와 비슷하다.

(10) 타틀리(tatli)

설탕을 넣어 만든 과자류로 향신료가 많이 든 자극적인 식사를 마친 후 후식으로 터키인들이 즐겨 먹는다.

타를리 종류에는 오스만 제국시대의 궁중과자에서 유래된 라이스 밀크푸딩으로 계피를 뿌린 쉬틀라(sütlac), 라마단 명절과 희생절 때 꼭 준비하는 파이로 당밀을 입힌 바클라바(baklava), 쌀가루로 만든 단 반죽에 견과류로 향을 낸 젤리인 로쿰(lokum) 등이 있다.

▲ 바클라바

(11) 요우르트(yoğurt, 요구르트)

요우르트는 터키어로 '반죽하다'라는 의미의 동사로 'yogurmak'에서 온 것으로 아주 오래전부터 중앙아시아 유목민들이 즐겨 먹던 음식이다.

유즙을 발효한 것으로 터키가 본고장이며 샐러드나 수프 등 다양한 요리에 쓰이는데 그리스나 불가리아 등지로 전해졌다.

요구르트에 물과 소금을 넣어 희석시킨 아이란(airan)은 더운 여름날 터키인들이 즐겨 마시는 음료이다. 아이란에 채썬 오이나 간 마늘을 넣어 차게 만든 자즉(cacık)은 고기요리인 케밥과 함께 마시기도 한다.

(12) 차이(cay)

티베트, 인도, 서남아시아 등 육로를 통해 터키로 전파된 것으로 추측되며 터키의 흑해 연안에서 주로 생산되는 차는 홍차와 비슷한 맛을 띤다.

터키 국민의 대다수가 이슬람교도로서 돼지고기와 술을 금기시하였기 때문에 차 문화가 특히 발달하였으며 커피보다 홍차를 더 좋아한다.

터키인들은 하루를 차로 시작하여 차로 마무리할 정도로 많이 마신다.

(13) 카흐베(kahve)

카흐베는 터키어로 '커피'를 말하는 것으로 16세기 오스만 제국시대에 시리아 상인에 의해 전해졌다. 술을 금기시한 이슬람교의 영향에 따라 발달된 음료로 이슬람교도들이 명상에 잠길 때나 심야기도를 올릴 때 즐겨 마셨다.

▲ 체즈베

특히 터키인들은 커피콩을 더 오래 볶아서 사용하며 구리나 놋쇠로 만든 주전자(체즈베-cezve)에 졸이듯 끓여 진하게 마신다. 커피를 다 마신 후에 커피 흔적을 가지고 점을 치기도 한다.

최초의 커피집은 1554년 현재의 이스탄불인 콘스탄티노플에 하쿰과 샴스라라는 시리아인에 의해 생겼다. 지식인들이 모여 커피를 마시며 토론을 벌이는 장소로 유럽에 건너가서는 사업과 예술의 중심지로 자리 잡게 된다. 슐레이만 2세의 통치기간(1566~1574)에 무려 600곳이 넘는 커피집이 이스탄불에 생겼다. 터키어로 커피의 집은 '카흐베하네(Kahveane)'라 하는데 '하네'는 여관이나 선술집이란 의미를 갖는다. 카흐베하네에서는 술을 금기시한 이슬람교의 영향으로 커피가 주메뉴가 되었다. 커피를 '아라비아의 와인'이라 부르는 것은 이런 이유인 것 같다. 지식인들이 모여 토론하던 사교장으로서의 역할을 한 커피집은 유럽으로 옮겨가 정착하였으며 특히 프랑스에서는 카페로 발전하였고 커피가 대중화된 계기가 되었다.

(14) 라키(laki)

아니스 열매향이 나는 터키의 토속 술로 40도의 독한 술이다. 라키에 물을 타면 우윳빛으로 변하게 되어 '사자의 젖'이라 부른다. 전채요리 메제와 곁들여 얼음을 넣어 차게 해서 마신다.

(15) 돈두르마(dondurma)

양이나 염소의 젖을 넣고 난초의 뿌리가루, 과즙을 넣어 밀가루 반죽을 하듯 계속 치대어 찰떡처럼 흘러내리지 않도록 길게 늘여 만든 터키식 아이스크림으로 우리나라 떡과 유사하다.

▲ 돈두르마

4) 식사예절

어른에 대한 배려와 공경심 문화가 잘 형성된 민족의 하나이다. 식사 때는 어른보다 먼저 음식을 먹어서는 안 된다. 이는 전통적으로 유목생활 속에서 연장자가 의사결정을 해오면서 생활의 모든 부분에서 어른을 배려하는 문화가 형성되어 왔기 때문이다. 터키인들의 식사문화는 단지 한 끼의 밥을 나누는 것이 아니라 식사를 통해 그들의 마음과 삶을 함께하는 것이다. 음식을 가리거나 음식에 대해 불평하는 행위를 좋지 않게 여기고 소식하는 것을 미덕으로 여긴다.

　손님을 초대했을 경우에는 음식을 충분히 마련하여 손님이 충분이 드실 수 있도록 각별히 신경을 쓴다. 모든 음식은 손님이 맛을 본 다음에 먹고 그날의 음식은 손님 중심으로 이루어지는 것이 터키식 접대문화이다.

　√ 초대된 손님은 차려진 음식을 가능한 다 먹는 것이 예의이다.
　√ 식사할 때는 음식을 코에 대고 냄새를 맡거나, 음식을 식히기 위해 입으로 불어서는 안 된다.
　√ 숟가락이나 포크를 빵 위에 놓지 않으며 상대방 앞에 있는 빵조각을 먹지 않는다.
　√ 식사 중 사망자나 환자에 대하여 언급하는 것 등은 삼가야 한다.

8. 다민족의 혼합체, 미국

1) 음식문화의 형성배경

50개 주로 이루어진 연방공화국 미국은 대서양과 태평양 사이에 위치한 북아메리카 대륙에 자리 잡고 있다.

북쪽으로는 캐나다, 남쪽으로는 멕시코와 국경을 이루고 있으며 중북부에는 5대호 중심으로 호수가 발달하였고 서부와 중서부는 광대한 평원으로 이루어져 있다.

미국은 지역적으로 동북부, 동남부, 중부, 서부, 남부로 크게 나눌 수 있다. 특히 서유럽계 이민자들이 정착을 시작한 동북부지역은 백인(83%)들이 주를 이루고 서부와 남부지역을 중심으로 인디오와 동양계(5%) 그리고 흑인(5%)들로 이루어져 있다.

기후는 북반구의 중위도에 위치하여 변화가 많은 편이며 북동부의 대륙성기후, 남동부의 온대와 아열대 기후 그리고 캘리포니아 연안지역의 지중해성 기후, 서부의 건조기후 등 다양한 기후를 보인다.

2) 음식문화의 특징

1492년 콜럼버스에 의해 발견된 이후 유럽 강대국들의 식민지화가 되면서 인디오 원주민의 토착 음식문화와 초기 식민세력이었던 스페인, 프랑스, 영국의 문화 그리고 여러 나라로부터 이주 온 다양한 민족의 음식문화가 혼합되어 다채롭고 풍부한 음식문화를 갖게 되었다.

짧은 역사 속에서 자국만의 특징적인 음식문화는 없지만 풍부한 식량자원과 식품의 대량생산, 가공 및 저장기술의 발달 그리고 간편성과 실용성을 강조하는 문화적 특징 등은 미국음식의 세계화에 크게 기여하였으며 현대에 들어 서양음식을 대표하는 음식으로 발달하였다.

(1) 육류 위주의 식생활이 발달하였다.

(2) 오븐을 사용하는 요리법이 발달하였다.

(3) 간편성을 강조하여 통조림과 같은 가공식품, 편의식품이 발달하였다.

(4) 샌드위치, 햄버거, 핫도그 등의 패스트푸드가 발달하였다.

(5) 실용성과 합리적인 사고방식으로 외식을 선호한다.

(6) 부활절, 할로윈 데이, 추수감사절, 크리스마스와 같은 기념일을 즐긴다.

(7) 바쁜 일상생활로 아침, 점심은 가볍게 저녁은 푸짐하게 먹는다.

(8) 인간관계 형성을 위한 파티문화가 발달하였다.

부활절은 그리스도의 부활을 기념하는 축일로 3월 20일경 일요일로 해마다 달라진다. 부활절에 주고받는 달걀은 생명의 탄생을 의미하며 서로의 소망을 담은 정성스런 그림을 그려 서로 주고받는 의식을 행한다.

할로윈은 10월 31일을 기념하는 축제로 특히 어린이들을 위한 명절이다. 가정마다 주황색 호박의 속을 파내 도깨비 모양으로 만들어 그 속에 초를 밝혀 어두운 밤 문 밖에 도깨비가 집안에 들어오지 못하도록 한다. 아이들은 유령, 마녀, 괴물 등을 가장하여 집집마다 돌며 Trick or treat! (맛있는 것을 주지 않으면, 장난칠 거야) 라고 말한 뒤, 사탕을 받는다. 이렇게 한 다음 아이들이 모여 받은 사탕을 추려내어 파티를 열기도 한다.

추수감사절은 추수절기 말에 신에게 풍작을 감사하는 전통적인 명절이다. 미국의 경우 11월 넷째 주 목요일로 멀리 떨어져 있는 가족과 친지가 한 자리에 모여 즐긴다. 구운 칠면조, 크랜베리 소스 감자, 호박파이를 준비하여 저녁식사를 한다. 12월 25일 예수의 탄생을 축하하는 성탄절에는 주로 하루 전날 밤 온 가족이 모여 식사를 하며 기뻐한다. 칠면조 구이를 먹고 술과 말린 과일을 넣은 후르츠 케이크와 생강을 넣은 진저쿠키를 후식으로 먹는다.

3) 대표 음식

육류 위주의 식생활로 쇠고기, 양고기, 닭고기 등을 이용한 스테이크나 바비큐 등을 선호한다. 아침, 점심은 바쁜 일과 중에 간편히 먹을 수 있는 음식을 주로 먹고 저녁에는 육류, 샐러드, 여러 종류의 익힌 채소, 후식으로 구성된 균형 있고 푸짐한 식사를 즐긴다.

(1) 스테이크(steak)

쇠고기를 두껍게 썰어 석쇠나 오븐, 프라이팬 등에 구워 먹는 미국의 대표적인

▲ 스테이크

음식이다. 굽는 쇠고기의 부위와 굽는 정도에 따라 종류가 다양하다.

샤토브리앙(chateaubrian), 투르네도(tournedos), 필레미뇽(filet mignon), 서로인(sirloin), 티본(T-bone), 뉴욕컷(new york cut) 등의 스테이크가 대표적이다.

또한 스테이크를 굽는 정도에 따라 겉만 누렇게 익혀 썰었을 때 피가 흐르게 익힌 정도의 레어(rare), 겉은 익었으나 속에 약간 붉은색이 남아 있는 정도의 미디엄(medium), 그리고 속까지 잘 익힌 것을 웰던(welldone)으로 구분하기도 한다.

(2) 바비큐(barbecue)

▲ 전통 화덕

고기, 어패류, 채소 등의 각종 재료를 꼬챙이에 꿰거나 석쇠에 놓고 천천히 구워서 원하는 소스로 발라 먹는 야외음식이다.

바비큐는 서인도제도의 원주민 언어로 고기를 구울 때 쓰는 나무 받침대를 뜻하며 스페인어의 바르바코아(barbacoa)에서 유래되었다. 바비큐의 원형은 17세기 버지니아 식민지에서 생겨났으며 비싼 부위의 고기를 필요로 하지 않기 때문에 가난한 남부 흑인들의 주식으로 자리 잡은 바비큐는 20세기 초반 남부의 흑인들이 공장의 일자리를 찾아 중서부와 다른 지역으로 이동하면서 버지니아(Virginia)에서 캔자스(Kansas), 남쪽으로는 텍사스(Texas), 플로리다(Florida), 캘리포니아(California) 등지로 전파되었다. 특별한 격식 없이 쉽게 만들 수 있고 가벼운 파티

에도 잘 어울려 미국인이 특히 좋아하는 전형적인 미국음식이다.

(3) 햄버거(hamburger)

독일계 이민들의 음식에서 유래한
것으로 보이며, 간 고기와 볶은 양파,
빵가루로 만든 패티(patti)를 구워 채
소, 치즈, 토마토 등을 사이에 넣어 간
편하게 먹는 음식이다.

1940년 세인트루이스에서 개최된
박람회에서 기존의 햄버거 패티를 빵

▲ 햄버거

에 끼워 판 것이 최초라고 알려져 있다. 이후 간편한 패스트푸드로 개발되어 전 세
계적으로 퍼져 나간 음식이다.

(4) 핫도그(hot dog)

길쭉한 롤빵 사이에 구운 소시지를 끼운 음식으로 어디서나 간단하게 먹을 수 있
는 대중적인 음식이다.

주로 소시지는 프랑크푸르트 소시지나 비엔나 소시지를 사용한다. 토마토케첩과
머스터드 소스를 사용하기도 한다.

우리나라에서 흔히 먹을 수 있는 나무젓가락에 소시지를 끼워서 튀겨낸 핫도그
는 '콘도그'라 한다.

(5) 샌드위치(sandwich)

햄, 치즈, 참치 통조림 등과 양상추, 토마토를 빵 사이에 넣은 만든 것으로 18세
기 후반 영국의 한 샌드위치 백작이 게임을 하던 중 식사할 시간이 아까워 하인에게
육류와 채소류를 빵 사이에 끼운 것을 만들게 해서 먹었다 하여 샌드위치로 불린다

▲ 샌드위치

는 설이 있다.

샌드위치는 형태상으로 클로즈드 샌드위치와 오픈 샌드위치가 있다. 클로즈드 샌드위치는 2쪽의 빵 사이에 속(filling)을 끼우는 것으로 빵의 가장자리를 잘라내기도 하고 그냥 두기도 한다. 오픈 샌드위치는 한쪽의 빵 위에 육류와 채소를 조화롭게 놓은 것으로 카나페(canapé)라고도 한다.

그 외 땅콩버터와 잼을 빵 사이에 넣은 샌드위치는 땅콩버터의 가공이 대중화된 1920년대 들어 미국의 국민 도시락이라 불릴 정도로 즐겨 먹던 샌드위치이다.

(6) 샐러드(salade)

샐러드의 어원은 라틴어의 'herba salt'로서 소금 뿌린 허브라는 의미이다. 그리스·로마시대 때부터 먹던 음식으로 신선한 채소에 소금만으로 간을 하여 먹었던 것에서 유래되었다.

육류를 주식으로 하는 미국음식에서 각종 비타민과 미네랄, 섬유질을 보충할 수 있는 좋은 역할을 한다. 최근에는 채소만으로 만든 샐러드뿐 아니라 과일, 생선, 육류, 조류 등을 혼합한 복합샐러드와 여러 종류의 드레싱을 곁들이는 등 다양해졌다.

미국인들은 샐러드를 고기요리와 같이 먹거나 그전에 먹는 반면, 프랑스인들은 고기요리가 끝난 다음에 먹는 습관이 있다고 한다.

4) 지역별 음식의 특징

방대한 넓은 국토와 다양한 민족이 혼합된 미국을 지역별로 구분하기는 쉽지 않지만 동북부, 중서부, 남부, 서부 등 4개 지역으로 나누어 그 지역의 음식문화를 알아보면 다음과 같다.

(1) 동북부지역

메인 · 매사추세츠 · 로드아일랜드 · 뉴저지, 뉴욕 · 펜실베니아 등의 일대로 영국과 독일, 네덜란드계 이주민들에 의해 초기 개척되었으며 음식에 영국, 독일, 네덜란드의 향토음식 특성이 강하게 나타난다.

대표 음식으로는 블루베리, 칠면조, 옥수수, 감자, 토마토, 고추, 오크라 등을 이용한 음식이 많고 캐서롤 요리, 클램차우더와 같은 걸쭉한 수프를 즐긴다.

(2) 중서부지역

일리노이 · 인디애나 · 오하이오 · 위스콘신 · 아이오와 · 미네소타 · 미주리 · 네브래스카 · 노스다코타 등의 일대를 포함하며 대평원이 발달하여 밀과 옥수수를 비롯한 다양한 곡물과 과일이 풍부하다.

오대호 주위의 상업적 어업의 발달로 어류를 이용한 음식도 많으며 즐겨 먹는 생선류는 송어, 가자미, 대구, 넙치, 연어 등이다.

특히 구운 송어와 감자를 녹인 버터와 함께 먹는 송어요리가 유명하다.

(3) 서부지역

캘리포니아 지역을 중심으로 애리조나 · 콜로라도 · 뉴멕시코 · 유타 · 알래스카 · 하와이 · 오리건 등을 포함하는 해양성 기후의 발달로가 발달하였다.

토마토, 채소, 과일 등이 풍부하게 재배된다. 특히 포도의 생산량이 세계 최대로 와인산업이 많이 발달하였다.

(4) 남부지역

델라웨어 · 워싱턴 · 플로리다 · 조지아 · 텍사스 등 멕시코와 국경을 이루는 지역으로 인디오, 스페인, 프랑스, 아프리카, 멕시코 요리의 특징이 서로 어울려 독특한 음식문화를 갖는다.

특히 맵고 자극적인 음식이 많으며 뉴올리언스 지역의 크레올 요리와 케이준 요리가 유명하다. 크레올(crelole) 요리는 신대륙 발견 이후 신대륙에서 태어난 에스파냐인 · 프랑스인, 이들과 신대륙의 흑인 사이에서 태어난 사람들을 일컫는 말이다. 크레올 요리는 이들이 프랑스와 스페인의 음식을 도입하여 개발한 음식이다. 마늘, 양파, 고추, 파프리카, 허브 등을 사용하여 자극적이고 매운맛이 특징이다. 케이준(cajun) 요리는 미국으로 강제 이주된 캐나다 태생 프랑스인들이 원주민과 아프리카 흑인들의 음식에 영향을 받아 발전된 맵고 자극적인 맛이 특징으로 양파, 셀러리, 후추, 겨자, 쌀을 많이 쓴다.

대표적인 요리로는 채소와 닭고기, 햄을 넣고 볶음밥처럼 만든 잠발라야(jambalaya), 채소와 고기를 넣고 스튜처럼 끓인 검보(gumbo), 민물가재 꼬리에 케이준 스파이스로 튀김옷을 입혀 바삭하게 튀긴 케이준 팝콘(cajun popcorn) 등이 있고, 패스트푸드용으로 케이준 스파이스를 넣고 조리한 치킨샐러드, 새우샐러드, 치킨핑거 등이 있다.

5) 식사예절

영국식 식사예절과 대체로 유사하나 간편성, 합리성, 능률성, 자유로움을 강조하여 영국식보다 편안한 분위기 속에 식사를 한다.

✓ 식사 중에는 머리에 손을 대지 않는다. 식탁에서는 다리를 꼬지 않는다.
✓ 식탁에서 컵의 물을 쏟거나, 나이프, 포크, 수저 등을 바닥에 떨어뜨릴 경우 줍

지 않으며, 새것을 요구한다.

√ 음식을 자기 식으로 먹지 않고, 음식마다의 방법으로 먹는다. 먹는 방법을 모를
경우, 웨이터나 아는 사람에게 물어도 실례가 되지 않는다.

√ 대화 없는 식탁은 무례할 수 있다. 단, 식당에서 종업원이 서비스하는 도중에
는 대화하지 않는다.

√ 팁을 줄 경우 동전을 주는 것은 실례이다.

9. 옥수수의 고향, 멕시코

1) 음식문화의 형성배경

북아메리카 남서부에 위치한 멕시코는 전체 국토면적이 한반도의 약 9배이며 북으로는 미국과 남으로는 과테말라, 벨리즈와 접하고 있다. 서쪽으로는 태평양, 동으로는 멕시코만에 접하고 있다. 지형과 기후는 거친 사막인 북쪽에서 열대우림인 남쪽에 이르기까지 변화가 있다. 국토의 대부분이 고원지대이고 남북으로 북회귀선이 가로지르기 때문에 열대기후권이 전체 국토의 25%, 건조기후권이 50%, 온대기후권이 25%를 차지한다. 사계절의 변화는 없지만 연중 고온다습한 기후로, 중부 고산지대는 우기를 제외하고는 건조한 온대성 기후이며 나머지 국토는 아열대 기후이다.

다양한 기후로 해발 800m의 아열대 지역에서는 사탕수수, 바나나, 오렌지, 파파야, 망고, 파인애플 등이 재배되고, 해발 1,600m의 온대지역에서는 커피, 해발 2,500m 이상의 냉대지역에서는 밀, 보리, 감자, 용설란 등이 재배된다.

멕시코는 고대부터 마야, 아즈텍 등의 화려한 문화를 꽃피워 오다가 콜럼버스의 신대륙 발견 이후 스페인의 정복으로 300년간 스페인 지배를 받았다. 이때 토착의 인디오 문화에 스페인문화가 융합하여 멕시코 고유의 문화가 형성되었다. 현재 멕시코의 인구는 백인과 원주민의 혼혈인 메스티소가 약 60%, 30%가 아메린디아인 또는 원주민, 9%가 백인이다. 흑인은 초기 식민지 시대에 대농장의 노예 노동력으로 이입된 자들의 후손이다. 스페인어를 공용어로 사용하지만 149개의 원주민 언어가 남아 있다. 멕시코인의 대부분은 스페인 식민지의 영향으로 토착화된 로마 가톨릭 교회를 믿는다.

2) 음식문화의 특징

원주민인 인디오와 유럽의 이주민, 노동력 확보를 위해 건너온 아프리카 흑인 등 다양한 민족들로 구성된 멕시코는 아메리칸 인디오의 찬란한 토착문명과 스페인 식민통치를 통해 서구문명이 유입되어 형성된 복합적인 음식문화를 토대로 오늘날 조화롭고 독창적인 멕시코 음식문화로 발전하였다.

열대성 기후와 온대기후로 인해 각종 어류, 해산물, 채소, 과일 등의 식재료가 풍부하여 천연의 식재료에 다양한 향신료와 소스를 곁들여 먹는 음식이 많이 발달하였다.

보통 하루에 아침, 점심, 저녁, 오전·오후 간식으로 4~5끼의 식사를 하며 아침 식사는 빵, 우유, 커피, 신선한 오렌지 주스 등이 기본이었으나 현재는 커피나 주스만으로 대신하기도 한다. 오전 간식을 알무에르소라 하여 10시 30분~11시경에 먹는 식사로 샌드위치, 퀘사디아 등을 간단히 먹는다. 점심은 고기를 이용한 주요리를 포함해 수프에서 디저트까지 가장 푸짐하게 차려 오후 3시 이후에 시작해서 2시간 이상 먹는다. 보통 집에서 먹고 낮잠을 즐긴 후 5시경에 사무실로 들어간다. 저녁식사는 7~8시 이후에 먹는데 또띠야, 콩, 육류, 쌀요리, 감자 등으로 가볍게 먹는다.

또한 축제의 나라 멕시코는 연중 총 600여 종의 다양한 축제를 통해 독특한 음식을 만들어 먹는 풍습이 있다. 1월 6일 동방 박사의 날로 작은 인형이 들어 있는 '로스카빵(rosca de reyes)'을 만들어 먹는다. 로스카 빵은 건포도가 들어 있는 고리모양의 빵으로 빵 속에 아기 예수상을 넣어 굽는데, 이 인형을 발견하는 사람은 1년 내내 행운이 있다고 한다. 2월 5일 국기의 날이라 하여 이때는 멕시코의 국기를 상징하는 옥수수, 아보카도, 빨간 피망을 주재료로 한 삼색 샐러드를 먹는다. 9월 7일은 독립기념일로 전 지역에서 스페인으로부터의 독립을 기념하는 축제가 열린다. 폰체(ponche)와 폰졸레(ponzole, 고기와 옥수수를 함께 끓여 채소를 곁들여 먹는 국)를 만들어 먹는다. 스페인 식민지 시절에 원주민이 심한 노동을 한 후에 주로 먹던 음식으로 멕시코 역사의 애잔함이 담긴 슬픈 음식이다.

(1) 인디오 원주민, 스페인, 프랑스 등의 음식이 혼합된 퓨전음식이 발달하였다.

(2) 옥수수를 주식으로 하며 옥수수를 이용한 요리가 많이 발달하였다.

(3) 고추, 파, 마늘 같은 매운 향신료를 많이 사용한다. 특히 고추를 이용한 요리가 많다.

(4) 선인장으로 만든 음료를 좋아한다.

(5) 천연의 풍부한 식재료를 최대한 활용한다. 추운 겨울이 없기 때문에 저장식품이 발달되지 않고 신선한 재료를 즉석에서 요리한다.

3) 지역별 음식

북부는 목축이 성한 지역으로 고기와 우유, 치즈가 풍부하다. 양고기, 쇠고기를 직접 불에 구워서 먹고 우유를 즐겨 먹는다. 밀이 재배되므로 옥수수 또띠야 대신 밀가루 또띠야를 많이 이용한다.

중부 고원지역은 양념된 채소를 삶아서 먹고 닭과 돼지고기, 옥수수를 즐겨 먹는다.

동부 해안가는 해물요리가 풍부하다.

유카탄 반도

주홍색의 아시오테 향신료가 유명하다. 코치니타 삐빌을 만드는 데 주로 사용한다. 코치니타 삐빌은 삶은 돼지고기를 식초와 오렌즈즙, 아시오테를 섞은 양념과 마늘, 오레가노, 소금을 넣고 조린 것이다.

4) 대표 음식

옥수수와 밀로 만든 또띠야를 주식으로 하며 또띠야를 기본으로 하는 다양한 음식이 발달하였다.

(1) 또띠야(Tortillas)

주식인 옥수수의 껍질을 제거하고 곱게 간 '마사(masa)'를 동그랗게 빚어 '코밀'이라는 도자기 쟁반에 얇게 눌러 구운 것이다. 밀을 이용한 또띠야를 만들어 먹기도 한다. 또띠야는 살사, 콩 요리와 함께 먹거나 다양한 속재료를 넣고 싸서 굽거나 튀겨 먹기도 한다. 또띠야에 어떤 음식이든지 다 싸서 먹는 타코(taco), 튀긴

▲ 또띠야

또띠야에 치즈와 살사를 얹어 먹는 나초(nacho), 콩과 고기를 잘 버무려 네모난 또

띠야에 싸서 먹는 부리또(Burrito), 또띠야에 소를 넣고 둥글게 말아서 소스를 발라 구워 그 위에 치즈를 얹는 등 장식을 곁들인 엔칠라다(Enchilada), 또띠야에 소를 넣고 접거나 돌돌 말아 바삭바삭하게 튀겨 나오는 치미창가(Chimichangos), 또띠야를 반으로 접어 치즈를 비롯한 내용물을 넣고 구워낸 후 부채꼴 모양으로 3~4등분하여 내오는 퀘사디아(Quesadillas), 구운 쇠고기나 치킨을 볶은 양파, 신선한 샐러드와 함께 싸먹는 화이타(Fajita) 등이 있다.

▲ 타코

▲ 부리또

(2) 살사(salsa)

살사는 스페인어로 소스를 의미하며 양파 · 토마토 · 고추 · 고수잎 등을 잘게 썰어 소금 · 올리브유 · 레몬으로 양념한 것으로 멕시코 음식에 널리 이용된다. 그 외 멕

▲ 살사

시코 음식에 많이 이용되는 소스는 아보카도 · 토마토 · 양파 · 풋고추를 함께 갈아 만든 초록색 소스인 구아카몰(guacamole), 칠리 · 땅콩 · 초콜릿 · 호두 · 마늘 · 카카오 · 토마토 등을 갈아 푹 끓여 만든 '몰레 소스(molesauce)', 우유의 유지방을 새콤하게 발효시킨 사워크림으로 만든 흰

크림소스인 사워크림소스(sour cream sauce) 등이 있다.

(3) 몰레(mole)

몰레는 고추, 초콜릿, 참깨, 아몬드, 건포도, 후추, 계피, 마늘, 양파, 토마토, 바나나 등의 수많은 재료를 갈아 익혀 만든 소스로 멕시코 요리에 쓰이는 여러 소스를 일컫는 말이기도 하다. 몰레의 유래는 17세기 푸에블라 지방의 한 수녀원에서 대주교님의 갑작스런 방문을 앞두고 맛있는 음식을 대접하려고 수녀들이 노심초사하고 있었다. 주교님의 방문이 임박하자 음식을 담당하는 어린 보조수녀가 다급히 여러 재료들을 있는 대로 맷돌에 넣고 갈기 시작했다. 음식담당 수녀가 그것을 보고 무엇을 하느냐고 묻자 그녀는 그냥 "갈아요(mole)"라고 대답했다고 하는데 이것이 몰레의 유래가 되었다고 한다. 보조수녀가 만든 소스에 칠면조 고기를 곁들여 주교님께 대접하니 그 맛이 기가 막혔다고 한다. 그 후 몰레는 푸에블라 지역뿐 아니라 멕시코 전국으로 퍼져 전 국민의 사랑을 받는 음식이 되었다고 한다. 몰레(mole)를 싫어하면 반역자란 소리를 들을 정도로 멕시코인들이 좋아하는 소스이다. 칠면조나 닭고기에 소스처럼 얹어먹는다.

(4) 타말레(tamales)

아즈텍 시대 이전부터 먹어온 오래된 멕시코 음식의 하나이다. 옥수수, 아보카도, 바나나잎 등에 마사(옥수수가루)로 만든 반죽을 놓고 그 위에 양념한 고기나 갖은 채소 혹은 달콤한 디저트 등을 넣고 잎을 말아 굽거나 쪄서 먹는다.

(5) 떼낄라(Tequila)

떼낄라는 10년생 이상의 아가베(agave: 용설란)를 3년 이상 발효시켜 만든 멕시코의 대표적인 술이다. 우리나라의 안동소주와 유사하며 알코올 도수가 40-60도의 독한 술로 다

▲ 용설란

른 술과 섞어 마시지 않으며 소금, 라임 조각을 곁들여 마신다. 떼낄라의 독특한 음주법으로는 레몬즙을 손등에 문지른 뒤 그 자리에 소금을 조금 뿌려 혀로 핥아먹는 음주법인 '꾸에르보 슈터'와 잔에 술을 반쯤 담은 다음 소다수로 나머지를 채워 냅킨으로 잔을 덮은 후 테이블에 내리쳐 거품이 생길 때 원샷으로 마시는 '꾸에르보 슬래머' 등이 있다.

(6) 풀케(pulque)

마게이라는 선인장으로부터 받아낸 단맛이 나는 액체를 용수로 걸러내어 하루 정도 자연 발효시킨 술로서 우리의 막걸리와 유사하다. 떼낄라와 달리 도수가 낮고 아즈텍 시대 원주민이 즐겨 마셨던 민족주로서 서민들이 주로 마신다.

(7) 세르베사(cerveza)

세르베사는 스페인의 맥주로서 멕시코인들이 즐겨 마신다. 그 종류가 수천 종에 이르며 그중 가장 인기 높은 것은 보헤미아(bohemia)로 뮌헨 맥주 콘테스트에서 1등을 할 정도로 맛과 향을 자랑한다. 마실 때 레몬을 짜 넣거나 곁들여 마시는 떼까떼(tecate), 코로나 엑스트라(Corona Extra)는 멕시코인들로부터 사랑받는 맥주이다.

5) 식사예절

더운 날씨의 영향으로 저장식품보다 즉석음식이 발달하여 주로 즉석에서 만들어 식기 전에 먹는다. 또한 식사시간도 여유롭고 길게 식사하는 습관이 형성되어 왔다. 또한 멕시코인들은 예의 지키는 것을 매우 중요하게 생각한다

√ 식당에서 식사할 경우 대부분 10~15%의 팁을 식탁 위에 놓는다.
√ 타코를 먹을 때는 나이프나 포크를 사용하지 않고 손으로 먹는다. 타코 고유의

맛을 잃지 않기 위해서라고 한다. 특히 엄지와 검지, 중지를 사용해 타코를 먹는 것이 일반적이다.

√ 음식을 입에 넣고 말하지 않으며, 소리내어 먹지 않는다.

√ 가정을 방문할 경우 초대받지 않은 경우에는 가급적 식사시간대 방문은 피한다.

√ 식사를 초대받아 가정을 방문할 경우 예의를 갖춘 단정한 옷차림을 한다.

√ 간단한 선물을 준비한다. 만약 술을 선물할 경우 주인이 어떤 술을 좋아하는지 사전에 알아보고 가져간다.

10. 축제의 나라, 브라질

1) 음식문화의 형성배경

브라질은 남아메리카의 절반을 차지하는 큰 국가로 러시아, 캐나다, 중국, 미국에 이어 세계 다섯 번째로 큰 나라이다. 북쪽은 넓고 남쪽은 좁은 삼각형 모양을 하고 있으며 세계 제2의 강인 아마존강이 브라질 대륙을 가로질러 흐르고 있다. 북부는 국토의 40%에 해당하는 세계 최대의 열대우림지역으로 습지와 늪이 많고 남쪽에는 남부고원과 중앙고원이 펼쳐져 있으며 인구의 반 이상이 이 지역에 살고 있다. 넓은 땅만큼 기후도 지역별로 다양하다. 북부의 아마존 지역은 열대밀림지대로 덥고 습하며 남부고원지대는 남회귀선이 지나는 상파울루 이남까지 아열대 기후에서 온대기후까지 다양하다.

　브라질은 1500년경 포르투갈인 카브랄에 의해 발견된 이후 오랫동안 포르투갈의 지배하에 국민 대다수가 포르투갈어를 공용어로 하며 로마 가톨릭교를 믿는다. 16세기 포르투갈인들은 사탕수수 재배를 위해 아프리카 흑인들을 강제 이주시켰다. 18세기 유럽이 쇠퇴됨에 따라 독일과 이탈리아를 비롯한 유럽인들이 이주해 오면서 유럽, 아프리카 흑인, 인디오 원주민의 문화가 융합되어 독특한 문화를 형성하였다. 북부지역은 인디오 원주민과 흑인의 영향을 받아 전통문화를 유지한 반면 남부지역은 백인의 유럽문화에 영향을 많이 받았다.

　특히 브라질은 카니발의 나라이다. 카니발은 유럽이나 남북아메리카, 가톨릭권의 도시에서 매년 경축되는 사순절 전의 마지막 요란스런 의식을 부리는 것을 말한다. 카니발의 어원은 라틴어인 'Carnelevamen'(뜻: 살코기를 끊는다)인데, 카니발은 금욕기간인 사순절 기간에 앞서 영양을 보충하기 위해 마음껏 먹고 마시자는 취지에서 시작된 축제이다. 축제기간 동안 먹고 마시고 맘껏 즐기는 낙천적인 브라질인의 모습을 엿볼 수 있다.

2) 음식문화의 특징

　넓은 브라질의 국토와 다양한 기후로 인해 식재료가 풍부하다. 특히 옥수수, 밀, 쌀, 사탕수수, 커피 등 농작물의 생산량이 풍부하고 목축이 발달하였다. 브라질의 북부는 원주민인 인디오와 사탕수수 재배로 노예로 들어온 흑인들이 많아 인디오와 흑인의 음식문화가 발달하였다. 특히 인디오들은 카사바, 옥수수, 열대과일, 감자 그리고 아마존강 유역의 생선을 즐겨 먹었다. 남부지역은 포르투갈인은 물론 독일, 이탈리아 등으로부터 이주해 온 유럽인들의 음식문화에 영향을 많이 받았다. 백인들이 매우 즐겨 먹는 대구요리는 남부 상파울루와 리우데 자네이루의 명물로 특히 '해산물 대구요리'와 '달걀감자대구요리'는 브라질의 대표음식이다.

(1) 인디오의 영향으로 마니오카, 옥수수, 열대 과일, 감자 등을 이용한 음식이 발달하였다. 특히 마니오카는 탄수화물의 공급원으로 인디오의 주식으로 이용된다.

(2) 아프리카 흑인들이 들여온 야자수의 일종인 '덴데'의 기름을 짜서 음식에 이용한다.

(3) 유럽인의 영향으로 버터, 치즈와 같은 유가공품을 요리에 많이 이용한다.

(4) 코코넛과 야자수 열매를 음식에 많이 이용한다.

(5) 커피의 최대 생산지로서 진한 커피를 즐겨 마신다.

3) 지역별 음식

북부지역은 아마조니아(포르투갈어: Amazônia)라고 불리는데 아마존 지역으로 백인들의 침입을 피해 이주해 온 여러 민족의 원주민들과 포르투갈계 사람들이 섞여 있다. 열대우림기후로 생선과 과일이 풍부하며 고구마, 마, 카사바 등을 주식으로 한다. 이 지역에서 많이 먹는 요리로는 피카디노 데 자카레(picadinho de Jacaré)라고 하는 악어고기와 파투누투쿠피(pato no tucupi)의 오리요리가 대표적이다. 파투누투쿠피는 집오리 투쿠피 조림으로 아마존 지역의 대표적 음식이다. 투쿠피즙을 끓여 독을 제거한 후 오리고기, 올리브유, 마늘, 소금, 후추, 월계수잎 등을 넣고 삶은 음식이다.

아마존 지역의 대표적인 과일로는 바바수(Babassu), 아사이(açaí), 부리티(buriti)가 있는데 바바수는 씨는 식용으로 수액은 술 제조에 이용하고, 아사이는 초콜릿 맛과 유사하며 그 즙은 카사바 분말과 섞어 먹기도 한다. 부리티는 아마존 지역의 야자수 중 가장 아름다운 것으로 식용유, 술, 사탕 등을 만들어 먹는다.

북동부 지방은 좁지만 해안가를 따라 비옥한 평원이 자리하고 있다. 강우량도 많아서 인구가 밀집해 있으며 소떼가 분포하는 반건조지대도 있다. 모든 종류의 열대 농산물이 해안평원에서 자라고 카카오와 사탕수수가 주를 이룬다. 브라질을 처음 발견한 카브랄이 처음 도착한 바이아가 가장 대표적인 도시인데 이곳은 일찍이 포르투갈인의 진출과 사탕수수 재배로 이주해 온 아프리카인 그리고 원주민의 음식이 혼합되어 지역음식으로 발달하였다.

대표음식으로는 바타파(vatapá), 야자기름과 해산물을 뿌려서 만들어 먹는 모케카(moqueca), 아카라제(acarajé) 등이 있다.

중앙서부지역은 넓은 사바나초원이 있고 북쪽에 삼림이 빽빽하다. 낚시와 사냥으로 가장 잘 알려진 곳 중 하나인 판타날(Pantanal) 지대도 이곳에 포함된다. 페키(pequi)라고 불리는 열대 과일이 재료로 많이 쓰인다. 물고기, 소고기, 돼지고기도 많이 넣고 콩과 옥수수를 곁들여서 요리한다.

남동부지역은 브라질 전체 중에서도 핵심적인 산업지대임과 동시에 브라질의 독특한 요리문화가 많이 남아 있다. 상파울루, 리우데 자네이루, 미나스제라이스가 대표적인 도시로 옥수수, 돼지고기, 콩과 발효해서 만든 치즈를 많이 사용한다. 엠파나다, 페이조아다 등이 대표적인 음식이다. 특히 상파울루(포르투갈어의 사도바울)에서는 포르투갈, 이탈리아, 중동, 일본의 이민자가 대다수를 차지한다. 피자가 가장 흔한 도시이고 스시는 이미 상파울루 일대의 주요 음식으로 부상해서 일식 레스토랑이 아닌 곳에서도 많이 판다.

남부지역은 전체 인구 중 독일, 폴란드, 이탈리아, 포르투갈 출신의 이주자가 92%로 대부분이다. 와인과 채소, 낙농식품과 밀을 위주로 하는 식단이 특징이다. 감자가 흔치 않았기 때문에 그들은 토종 마를 대신 쓰게 되었다.

4) 대표 음식

(1) 츄라스코(churrasco)

브라질식 숯불구이로 리오그란데 지역의 대표음식이다. 긴 쇠꼬챙이에 도톰하게 썬 고기를 끼워 양념을 뿌리면서 숯불에 돌려가며 굽는다. 토마토소스와 양파소

▲ 츄라스코

스를 곁들여 먹는다. 츄라스코는 브라질 남부 카우보이의 전통요리에서 유래하여 현재는 생일이나 결혼식 등 잔치에 빠지지 않는 음식으로 쇠고기·돼지고기·닭고기 등을 부위별로 맛볼 수 있으며, 파인애플·양파·호박 등의 채소를 곁들여 더욱 풍부한 맛을 즐길 수도 있다. 츄라스코 전문점에서는 잘 구워진 고기를 요리사나 종업원이 잘라주기도 하는데, 이때 초록색, 빨간색 신호막대나 인형, 종이 등을 식탁 위에 두고 고기를 계속 먹고 싶으면 초록색, 더 이상 먹고 싶지 않으면 빨간색으로 표시한다.

(2) 쿠스쿠스(couscous)

옥수수를 찧어 가루를 내어 반죽한 후 소금을 친 다음 삶아서 야자수 기름을 발라먹는 음식이다. 아프리카의 이집트와 모로코에서 즐겨 먹는 음식으로 밀가루나 보릿가루를 쪄서 만든 음식에서 유래되었다. 초기에는 흑인 노예들이 주로 가정에서 만들어 먹었지만 지금은 공장에서 대량으로 만드는 인기 있는 브라질의 서민적인 음식이다. 지역에 따라 상파울루식과 미나스제라이스식으로 나뉘는데 상파울루식은 옥수수가루를 반죽하여 새우, 올리브유, 마늘, 향신료, 야자수즙 및 삶은 달걀 등을 곁들이고 미나스제라이스식은 새우 대신 정어리나 닭을 곁들인다. 쿠스쿠스는 아침식사에 커피나 우유와 함께 곁들기도 하고 가벼운 저녁식사에도 많이 먹는다.

(3) 페이조아다(feijoada)

페이조(feijo)는 '콩', 아다(ada)는 '섞어서 찌다'를 뜻하는 포르투갈어이다. 페이조아다는 검정콩과 소와 돼지의 뼈가 붙은 고기, 돼지의 코와 귀, 족발 등을 함께 넣고 끓인 스튜로, 과거 아프리카에서 온 노예들이 주인들이 먹지 않은 고기에서 나온 부산물과 내장 등을 주워 콩과 함께 끓여 먹던 데서 유래하였다. 밥이나 마니오카가루를 곁들여 먹는데 영양이 풍부하고 열량이 높아 브라질 일반 가정에서 즐겨 먹는다.

(4) 해산물 대구요리

유럽의 이민자 백인들이 즐겨 먹던 것으로 조개류 및 각종 해산물에 감자, 양파, 마늘, 당근, 회향풀, 올리브, 포도주 등을 대구와 함께 넣고 찜통에 쪄낸 포르투갈의 전통적인 음식이다.

(5) 바타파(vatapa)

카브랄이 브라질에 처음 도착한 항구가 있는 바이아주의 전통음식이다. 밀가루와 고기가 귀했던 이주 초기 흑인 요리사들이 생선, 새우, 코코넛밀크와 덴데유로 만든 스튜의 일종이다. 바이아주에서는 콩으로 만든 아라카제와 함께 먹기도 하지만 밥과 함께 먹기도 한다.

(6) 아라카제(acaraje)

바이아주에서 즐겨 먹는 케이크의 일종이다. 불린 콩의 껍질을 제거하고 양파와 같이 간 다음 소금, 후추로 간을 한 묽은 반죽을 덴데유를 이용하여 타원형으로 굽고 그 위에 말린 새우와 콩과 양파로 만든 즙을 살짝 뿌린다.

(7) 타카가(tacaga)

마니오카 가루를 끓인 후 말린 새우와 고추 등을 넣어 만든 수프의 일종으로 톡 쏘는 아린 맛이 난다.

(8) 엠파나다(empanada)

엠파나다는 밀가루 반죽을 익혀 토마토, 야자수열매, 양파, 파슬리, 올리브 등을 넣고 찐 것이다. 상파울루 지역의 음식으로 브라질 사람들이 가장 즐겨 먹는 파이의 일종이다. 토마토 대신 호박을 넣은 호박파이도 즐겨 먹는다.

(9) 커피

브라질은 18세기 초 프랑스인들에 의해 소개된 이후 세계 최대 커피생산국이 되었다. 브라질 커피는 대부분 아라비카종으로서 맛이 부드러운 고급종이다. 종류로는 상파울루의 산토스, 미나스제라이스의 미나스, 리우데 자네이루의 리오 등이 대표적이다. 브라질인들의 커피 끓이는 방식이 특이하다. 냄비에 설탕과 물을 먼저 넣고 가열하여 끓기 시작하면 커피를 넣고 잘 저은 다음 여과시켜 마신다. 이를 카페지뇨(cdrezinho)라고 한다.

(10) 코시냐(coxinha)

코시냐는 밀가루 반죽 안에 닭고기, 달걀, 치즈, 감자 등으로 만든 샐러드 속재료를 넣고 닭다리 모양으로 튀겨낸 브라질식 크로켓이다. 고소하면서도 풍부한 맛을 내는 코시냐는 19세기 상파울루 지역에서 만들어 먹기 시작한 것으로 포만감이 좋아 끼니 대용으로도 먹는다. 코시냐와 비슷한 튀김요리로 빠스텔(pastel)이 있다. 브라질식 튀김만두인 빠스텔은 밀가루 반죽 사이에 고기, 치즈, 크림치킨 등을 소로 넣고 튀긴 음식이다. 코시냐와 빠스텔은 브라질인들이 즐겨 먹는 간식이다.

(11) 까샤싸(Cachaça)

사탕수수를 발효시켜 만든 브라질의 전통주이다. 럼주와 비슷하나 증류과정을 거치므로 알코올 도수가 높다. 보드카처럼 투명한데 오크통에 숙성한 것은 색이 누렇고 질이 떨어진다. 까샤싸는 스트레이트로 마시기도 하나 보통 코코넛주스, 패션프루트, 캐슈주스 등을 넣어 칵테일로 마신다.

5) 식사예절

브라질 사람들은 낙천적이고 여유있는 식사를 즐긴다. 보통 아침은 커피나 우유, 빵 등으로 가볍게 먹고 점심과 저녁은 아침에 비해 풍성하게 먹는다. 점심은 12시에서 2시 사이에 먹으며 주로 많은 사람들이 직장이나 학교 등 바깥에서 점심을 먹는다. 그 이후 4시에서 5시 사이에는 간단하게 커피나 비스킷 등의 간식을 먹고, 그 때문에 저녁을 다소 늦게 먹는다. 저녁을 7시 이후에 먹는 것이 특징인데, 저녁 9시 정도가 가장 일반적인 저녁식사 시간이다.

✓ 국물이 있는 음식은 반드시 개인용 그릇에 먹을 만큼 덜어서 남기지 않고 먹는다.

✓ 물컵이나 술잔은 개인용을 이용하고 술잔은 돌리지 않는다.

✓ 면류를 먹을 때는 입을 그릇의 가장자리 가까이 대지 말고 포크로 돌돌 말아서 먹는다.

✓ 음식그릇은 오른손으로, 빈 그릇은 왼손으로 잡는다. 오른손은 축복을 왼손은 저주를 나타낸다고 믿기 때문이다.

✓ 식사 중에는 이야기를 하지 않으며 음식을 조금 남기는 것이 예의이다.

✓ 식사 후에는 감사의 표시로 냅킨을 펼쳐놓는다.

✓ 닭이나 칠면조 음식을 먹을 때는 꼬리부분을 가장 웃어른에게 드리는 것이 예의이다.

✓ 손님을 초대해 만찬을 가질 때는 처음부터 식사를 바로 하지 않는다. 가볍게 술을 한잔씩 하면서 인사말, 초대에 대한 감사의 말 등으로 20~30분 정도 담소를 나눈 뒤 식사를 시작한다.

03 유럽의 음식과 문화

❶ 서유럽의 음식문화
❷ 남유럽의 음식문화

유럽의 음식과 문화

유럽은 지리적으로 유라시아 대륙에 포함되지만 문화적으로 우랄산맥 동쪽에 위치한 북유럽, 냉전시대의 유럽 내 공산주의 국가들을 모두 포함하는 동유럽, 유라시아 대륙의 북서쪽 끝에 있는 서유럽, 이베리아 반도, 이탈리아 반도, 발칸반도의 3개의 큰 반도와 주변 섬을 영토로 하는 국가를 포함하며 유럽의 남부지역에 위치하고 지중해와 인접한 남유럽으로 분류된다.

이 장에서는 세계 음식문화의 중심이 되어 널리 알려진 서유럽과 남유럽을 중심으로 자연환경과 음식문화의 특징, 대표 음식 등을 살펴보도록 한다.

학습목표
....

1. 이탈리아와 스페인 음식문화를 이해하고 특징을 구별할 수 있다.
2. 프랑스 음식문화의 역사적 배경을 알고 특징을 이해할 수 있다.
3. 영국과 독일의 대표 음식과 음식문화 형성배경을 설명할 수 있다.

핵심단어
....

파스타―리조또 - 뇨끼―빠에야―하몽―추로스―메제―케밥―파스트르마―에스카르고―송로버섯―푸아그라 - 캐비아―사우어크라우트―슈바이네학세―로스트 비프―하기스

1. 서유럽의 음식문화

서유럽은 역사·지리적인 명칭이기도 하지만 서구권, 서구문화 등의 단어에서 볼수 있듯이 정치·경제적인 의미도 크다. 프랑스, 영국, 독일, 스위스 등이 포함되어 있으며 지중해권에 속한 나라로 연중 따뜻하며 여름에 비교적 건조하며 농수산물과 축산물이 풍부하여 음식문화가 발달되어 유럽 음식문화의 상징적인 면이 강하다.

1) 서유럽의 대표국가 프랑스

프랑스의 자연환경

프랑스는 유럽 서부에 있는 나라로 영국, 독일, 이탈리아, 스페인과 인접하고 있으며 국토의 2/3가 평야와 구릉지대를 이루고 있다. 한반도 면적의 2.5배이며 인구는 6,000만 명 정도이다.

기후는 유럽기후의 축소판으로 해양성, 대륙성, 지중해성 기후가 모두 나타나며 대부분의 지역은 온대성 기후이나 남부지방은 지중해성 기후이다.

수도는 파리이며 다른 서유럽 국가와 마찬가지로 남쪽으로는 지중해와 북쪽으로는 대서양을 끼고 있으며 넓고 비옥한 평지와 강, 온화한 기후, 적정량의 강수량은 농산물 및 수산물의 생산에 유리한 조건을 갖추고 있다.

유럽에서 지정학적으로 주변에 많은 국가들과 인접하여 경계를 이루고 있지만 배타적 관계보다는 개방적 관계를 유지하며 인접 국가의 영향을 받아 조리기법이 매우 다양한 특성이 있다. 국민성은 자유로움을 추구하여 외국문화나 요리기술 등의 모방에 적극적이며 나아가 요리문화를 받아들여 자국의 식재료 특성과 어우러져 더 창조적인 요리문화를 만들어내었다.

다양한 기후와 지형으로 지방마다 특색 있는 요리가 발달하였다. 북부지역은 주로 우유, 버터 등의 유제품을 많이 사용하는 반면 남부지역에서는 올리브유, 매콤한 고추, 토마토 등을 많이 사용한다. 주요 산물인 치즈, 육류, 와인, 밀, 귀리, 옥수수 등의 곡물류 등을 이용한 다양한 음식과 조리법이 발달하였다. 바다 생선, 새우, 굴, 조개 등의 갑각류 등 요리하기에 더욱 좋은 재료를 수확하고 있으며 농수산물을 거의 자급자족하며 인접국가로 수출도 많이 하고 있다. 특히 포도가 북부지방을 제외하고 전국적으로 생산되고 있으며 보르도 지역이 그 중심을 형성하고 있다.

프랑스 음식문화의 특징

한편 섬세한 조리기술, 다양한 향신료, 풍성하고 여유로운 식사와 테이블 문화 등의 발달은 유럽의 음식문화를 대표하는 나라로 성장시키게 되었다.

프랑스 음식은 섬세한 조리기술과 화려한 음식

프랑스 요리는 섬세한 맛을 살리면서 색과 모양에 치중하여 화려한 모습을 자아내려 한다. 누벨퀴진이라는 새로운 요리가 등장하면서 간단한 요리법과 소스의 예술적인 면을 강조하였으며 금은세공, 도자기 등의 테이블 문화가 함께 발달하였다.

브리아 샤바랭의 '무엇을 먹었는지 말해 달라. 그러면 당신이 어떤 사람인지 말해주겠다'에서 미식예찬을 엿볼 수 있으며 2010년 유네스코 인류무형

출처: http://heritage.unesco.or.kr/ichs/gastronomic-meal-of-the-french/

문화유산으로 등재되었다.

다양한 향신료와 독창적인 소스의 발달

재료의 충분한 맛을 살리면서 향신료, 소스로 맛을 내는 것이 특징인데 여러 가지 육류, 어류, 향신료(파슬리의 줄기, 후추, 사프란, 셀러리, 너트맥) 등의 재료를 넣고 미묘한 맛을 만들어낸다.

농·수산업 및 가공업 발달

삼면이 바다로 둘러싸여 농, 축, 수산물 등 다양한 식품을 생산하며 특히 포도주와 치즈, 빵, 육류가공품 등이 발달하였다. 포도주는 생산지에 따라 색깔, 향기, 맛이 다르고 요리와 밀접한 관계가 있다.

풍요로운 저녁식사와 순서

아침식사를 7~9시에 간단히 빵에 버터와 잼을 발라 먹는다. 크로와상과 바게트 등과 커피 또는 다른 차와 마시고 때로는 포도주를 함께 곁들이기도 한다. 점심시간은 오후 12~2시까지로 전채요리, 주요리, 샐러드, 치즈, 음료를 먹으며 저녁식사 시간을 즐긴다.

① 아페리티프(aperitif)

식전에 식욕을 돋우기 위해 산뜻한 향이 나는 술을 마신다. 보통 화이트 와인에 카시스 크림을 섞은 키어나 로얄 키어, 셰리(sherry) 등을 마시는데 취향을 고려하여 소믈리에의 추천을 받아서 마시기도 한다.

※ **키어** : 화이트 와인을 기본으로 한 칵테일로 쓴맛이 나서 식전주로 이용

※ **로얄 키어** : 와인 대신 샴페인에 카시스 크림을 섞어 카시스의 향기와 단맛이 섞인 최상의 식전주 중 하나

② 차가운 전채요리(cold appetizer)

▲ 푸아그라

오르되브르(hors-d'oeuvre)라고 하는데 뜨거운 요리가 나오기 전에 식욕촉진을 위해 간단히 먹는 요리로 맛이 좋고 주요리와 잘 어울려야 하며 신맛 등의 식욕을 돋우는 맛이 있어야 한다. 대표적인 요리로는 훈제연어, 푸아그라 등이 있고 바게트빵도 제공된다.

③ 수프(soup)

▲ 포타주　　　　　▲ 콩소메

수프는 주요리의 첫 번째 코스로 제공된다. 쇠고기나 닭고기를 사용하며 파슬리, 마늘 등의 채소를 이용하여 맑게 끓인 콩소메(consomme)와 이와는 대조적으로 농도가 진하고 걸쭉한 건더기가 풍부한 포타주(potage)로 크게 나뉜다.

④ 뜨거운 전채요리(hot appetizer)

▲ 캐비아

주요리가 제공되기 전에 조금 먹는 요리로 육류보다는 해산물 등을 이용한 음식으로 달팽이 요리(에스카르고), 개구리 뒷다리 요리, 캐비아 등이 있다.

⑤ 주요리(main dish)

바다생선, 민물생선 등의 생선재료가 풍부하고 올리브 오일, 포도주 등을 이용하여 신선한 재료의 맛이 나오도록 다양하게 조리하여 먹는데 생선요리로는 혀가자미 뫼니에르, 연어 소테, 부야베스(bouillabaise)나 새우구이 등이 있고 소, 돼지 등을 이용한 안심스테이크, 양갈비구이 등을 먹는다. 최근에는 주요리를 생선요리와 육류요리로 구분하지 않는다.

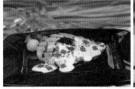 

▲ 주요리–생선   ▲ 주요리–육류

> ※ 소테(sauté) : 연어를 구워
>
> 버터나 토마토소스에 찍어 먹는 음식
>
> ※ 뫼니에르(meuniere) : 밀가루를 발라 버터에 지진 요리

⑥ 프랑스식 샐러드(salad)

프랑스식은 주요리가 끝난 뒤에 제공된다. 이는 시원한 샐러드로 입가심을 한다는 의미에서 상추, 토마토, 오이, 엔다이브(endive), 셀러리 등과 식초를 기본으로 한 비네그레트 드레싱(vinaigrette dressing)을 많이 사용한다. 기본적으로는 포크만 사용하지만 포크만으로 먹기가 힘들 때는 나이프를 함께 사용한다.

⑦ 디저트 및 식후음료

달콤한 케이크, 푸딩, 슈제트, 아이스크림, 치즈 등을 디저트로 이용하는데 그 종류가 매우 다양하다. 디저트 후에는 에스프레소 커피, 홍차, 소화 촉진을 위한 꼬냑(cognac) 등의 주류를 마시기도 한다. 특히 식후에 마시는 술을 디제스티프(diges-tive)라 하는데 식후의 소화를 돕기 위한 브랜디를 말한다. 아페리티프로 도수가 좀 낮은 가벼운 술을 마신다면, 디제스티프로는 40도가 넘는 브랜디를 주로 마신다.

프랑스 지역별 대표 음식

부르고뉴 지역의 포도주

토양, 기후, 지형 등 포도주 생산의 최적조건을 가지고 있고 체계적인 와인등급 관리 및 지속적인 노력으로 품질과 생산량 면에서 세계 최고수준으로 명성을 얻고 있다.

또한 전국 대부분의 지역에서 와인이 생산되는데 지역의 특색에 따라 맛, 향기, 색깔 등이 다르며 다양한 와인이 생산된다. 모든 음식에 포도주가 빠지지 않을 만큼 대중화된 음료이다.

대표적인 와인 생산지로는 부르고뉴(Bourgogne)와 보르도(Bordeaux)가 있으며 화이트 와인의 생산으로 유명한 알자스(Alsace), 론(Rhone), 샹파뉴(Champagne), 프로방스(Provence) 지방이 있다. 프랑스의 와인은 AOC등급의 46%를 차지할 만큼 고품질의 와인을 생산한다.

※ 프랑스의 지역별 와인의 특징

생산지	특징	품종	상표
보르도 (Bordeaux)	레드 와인은 붉은색, 불투명, 단맛이 적고 텁텁함. 부드러움	까베르네 소비뇽(cabernet sauvignon), 메를로(merlot)	메독(Médoc), 쌩떼밀리옹(Saint-Emilion), 그라브(Graves)
부르고뉴 (Bourgogne)	매우 붉은색 풍부한 과일향 단일품종 남성적인 와인	레드 와인 삐노누와(pinot noir), 가메(gamay)	샤블리(Chablis) 꼬뜨도르 (Côtes d'Or) 보졸레(Beaujolais)
		화이트 와인 샤르도네(chardonnay), 알리고떼(aligote)	
알자스 (Alsace)	과일향, 담백하고 드라이한 맛, 약간 단맛		리슬링(Riesling), 게뷔르츠트라미너(Gewurztraminer)
샹파뉴 (Champagne)	약간 단맛, 상쾌한 맛		샹파뉴 브뤼(Champagne Brut)

▲ 레드 와인, 화이트 와인, 스파클링 와인

▲ 보르도 레드 와인잔, 부르고뉴 레드 와인잔,
화이트 와인잔, 스파클링 와인잔(전통 샴페
인 잔)

세부등급 / 와인명 / 와인생산자 / 생산국 / 도수 / 생산연도 / 지역 / 병입 용량 / 등급 / 병입자의 주소

▲ 와인 레이블 읽기

부르고뉴 지역의 에스카르고(escargot)

포도잎을 먹고 자란 달팽이로 만든 부르고뉴 달팽이 요리를 '에스카르고'라 부른다. 식욕을 돋우는 전채요리로 널리 애용되고 껍질 속에 부드러운 속살을 가진 달팽이는 독특한 향이 있어 식욕을 증진시키며 '콘드로이친(chondroitin)'이라는 성분이 있어 원기회복, 노화방지에 효과가 있다. 달팽이를 살짝 데워서 껍질 속에 마늘과 파슬리로 향을 낸 버터를 입구에 잔뜩 넣어 구

▲ 에스카르고

워낸 것으로 빵과 함께 먹기도 한다.

프랑스 국민 주식 빵 바게트

바게트는 주식으로 밀가루와 물, 소금, 이스트, 엿기름을 넣어 발효시킨 후 오븐
에서 구워낸 긴 막대기 모양으로 겉은 바삭거리고 속은 쫀득거리며 맛이 좋다. 크로
와상은 초승달 모양의 발효시킨 패스트리로 지방분이 많고 짠맛이 있고 담백하며 부
드러운 빵과 패스트리의 중간형으로 아침식사로도 많이 이용된다.

페리고르 지역의 송로버섯(트뤼플, truffle)

▲ 송로버섯

송로버섯은 떡갈나무 숲의 땅속에서 자라서 숲
과 흙의 그윽한 향이 특이하다.

동물의 후각을 이용해서 찾아내며 인공재배가 잘
되지 않아 가격이 비싸며 프랑스와 이탈리아의 일
부지방에서만 생산되어 식탁 위의 다이아몬드라고
한다. 마르지 않도록 신문 등에 보관한다. 밝은 흰
색이 최고의 상품이다.

※ **송로버섯의 종류** : 프랑스 페리고 지방의 흑트뤼플, 이탈리아 피에몬테 지방의 백
  트뤼플

지중해 연안지방, 프로방스 지역
마르세유의 향토음식 부야베스(bouillabaisse)

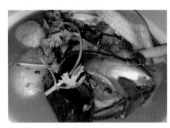

▲ 부야베스

양파, 대파, 감자와 마늘, 사프란 등의 향신료
를 넣고 올리브유로 볶은 후 생선, 가재, 아구, 장
어, 조개류, 새우 등을 넣고 푹 끓인 맛이 해물찌
개에 가깝다. 생선 등의 해물류 건더기는 따로 꺼

내어 소스에 찍어 먹는다. 드라이한 화이트 와인(dray white wine)과 잘 어울린다.

아름다운 자연환경을 지닌 보르도 지역의 대표요리
푸아그라(foie gras)

푸아그라는 강제로 먹이를 많이 먹여 사육시킨 거위나 오리의 비대한 간을 익힌 후 차갑게 식힌 음식이다. 지방함유량이 높아 부드럽고 입에서 녹는 맛이 일품이다. 특유의 냄새가 있어 와인에 적신 후 조리하는 것이 일반적이다.

▲ 푸아그라

푸아그라는 밀가루 반죽을 입혀 오븐에 구워낸 빠떼나 테린으로 만들어 먹는다. 주로 전채요리에 사용되며 가격이 비싸 크리스마스나 연초 등 특별한 날에 먹는 음식이다.

※ 빠떼(pate) : 가금류나 돼지간, 생선, 게살 등에 밀가루 반죽을 입혀 오븐에 구워낸 것

※ 테린(terrine) : 밀가루 반죽 없이 우묵한 그릇에 담아 형태를 만든 것

※ 세계 3대 진미 : 캐비아(철갑상어알), 송로버섯(트뤼플), 푸아그라

보르도 지역의 캐비아(caviar)

지롱드강과 대서양에서의 해산물이 풍부한데 이 식재료를 이용한 캐비아가 유명하다. 소금에 절인 철갑상어알로서 알의 크기에 따라 다양한 종류가 있으며 지방이 적으며 단백질이 풍부하고 열량이 적어 건강에 유익한 음식이다. 캐비아는 민물과 바다가 만나는 곳에 서식하는 희귀성 어종으로 생산량이 한정적이어서 매우 비싸다.

부르고뉴 지방의 코크 오 뱅(coq au vin)

코크는 프랑스의 수탉을 의미하여, 뱅은 포도
주를 뜻한다. 코크 오 뱅은 수탉에 적포도주, 마
늘, 채소, 버섯 등을 넣고 찐 요리로 프랑스의 농
가에서 즐겨 먹으며 크리스마스에는 빠지지 않는
음식이다.

▲ 코크 오 뱅

프랑스의 음식축제 및 맛집

• 보르도의 새로운 미식 맛집, 보카

보르도의 새 실내시장, 보카(Boca)는 특
별한 미식 경험을 여행자들에게 제공한
다. 기존의 중앙 홀은 세계 각국의 음식
을 맛볼 수 있는 식품관으로 대형홀과 멋
진 테라스에서 다양한 만남과 접대가 가능하다.

• 라마튀엘(Ramatuelle)의 히피 시크 레스토랑

여름날 해변가에서 즐기는 점심식사보다 맛있는
것은 없다. 프랑스 남부 코트다쥐르 지방의 예르
에서 망통에 걸쳐 위치한 맛집. 싱싱한 샐러드,
먹음직스러운 생선구이, 달콤한 티라미수 추천

• 맛있는 저녁식사를 할 수 있는 레스토랑, 라크리크

바다에서 영감을 받은 빈티지 스타일, 따스한 공간.
굴 양식업자와 가구 세공인의 아들이 전체를 지어
두 부부의 개성이 물씬 느껴진다. 매우 신선한 재
료로 음식을 만든다.(초리소를 곁들인 홍합과 랍스

내용 및 출처: https://kr.france.fr/
ko 프랑스 관광청 홈페이지

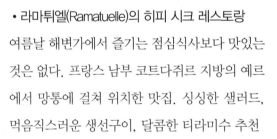

터 롤)

프랑스의 식도락 축제

프랑스 식도락 축제는 매년 9월 프랑스 전 지방에서 열리는데 다양한 프랑스 요리와 새로운 창작요리 및 셰프들을 만나볼 수 있는 기회가 제공된다.

프랑스 전역에서 3일간 열리는 다양한 이벤트에서 미식계에 불어오는 새로운 변화를 경험하고 국제 식도락 빌리지와 함께 센강으로 떠나는 미식 여행이나 에펠탑 아래에서 맛보는 길거리 음식, 파리의 탱플 시장에서 개최되는 600석 규모의 푸드 템플 축제에서는 새로운 프랑스 식문화를 대표하는 셰프를 만나볼 수 있다.

프랑스의 식사예절

테이블 예절

√ 손님이 주인보다 식사를 먼저 시작할 수 없다.

√ 주인이 식사를 시작하고 손님이 시작하며 모든 사람이 끝날 때까지 식사를 한다.

√ 식기배치는 접시를 중심으로 놓고 왼쪽에 포크가 아래를 향하게 하고 오른쪽에는 칼날 부분이 아래로 향하게 하여 팔자로 걸쳐 놓는다.

√ 식사가 끝나면 포크는 위쪽을 향하게 하고 나이프와 접시 중앙에 나란히 놓는다.

√ 후식이 나오기 전에 핑거볼이 나오면 손가락을 물에 담가 씻고 냅킨으로 닦은 후 후식으로 제공되는 과일이나 케이크를 먹는다.

√ 핑거볼에 양손을 넣지는 않는다.

식사

√ 식탁에 팔꿈치를 올려두고 목에 걸치거나 머리를 긁는 행동을 무의식적으로 할

수 있으므로 조심한다.

✓ 빵을 손으로 집어 먹을 수 있기 때문에 손으로 코나 얼굴을 긁지 않도록 한다.

✓ 음식을 입에 가득 넣고 말을 하거나 자신의 포크로 다른 사람 요리를 가져다 먹는 것은 예의에 어긋난다.

✓ 빵은 샐러드, 수프와 먹는데 적당한 크기로 떼어서 먹는다. 빵을 칼로 잘라 먹거나 입으로 뜯어 먹으면 예의에 어긋난다.

대화와 친목의 장

✓ 식사 중에 코 푸는 것은 비교적 관대한 편이고 트림은 싫어하는 편이다.

✓ 우리나라의 경우 트림은 자연스러운 현상으로 생각하여 불쾌하게 여기며 코를 푸는 것보다는 괜찮다고 생각하지만, 프랑스의 경우에는 코 푸는 것을 오히려 관대하게 생각한다.

✓ 우리나라는 식사시간에 말을 하면 침이나 음식물이 튕겨 나갈 수 있기 때문에 예의에 어긋나지만, 유럽은 식사시간이 친목과 사교의 장소로서 음식을 먹으면서 여러 가지 이야기를 하며 즐거운 시간을 가진다. 우리나라의 식사예절과는 차이가 있다.

✓ 프랑스인의 식사시간은 길며 포도주를 마시면서 이야기도 하고 음식을 먹기 때문에 이야기에 호응하며 분위기에 맞추어야 한다.

✓ 포도주가 비었을 경우 자신이 직접 포도주를 따라 마시면 안 된다.

식사 초대예절

✓ 식사에 초대받으면 특별한 이유가 없으면 거절하지 않도록 하고 수락했으면 절대 취소하지 않도록 주의한다.

✓ 초대받지 않은 사람을 동반하고 가는 것은 예의에 어긋난다.

✓ 초대받은 사람은 식사모임의 성격에 맞는 의복을 준비하고 주인에게 감사의 표시로 가벼운 선물을 하는데 선물은 반드시 안주인에게 건네야 한다.

✓ 선물로서 과자나 케이크는 중복되기 때문에 적합하지 않으므로 주의하도록 한다.

후식예절

✓ 샐러드를 먹을 때에는 드레싱을 얹어 적당한 크기로 먹는데 샐러드를 나이프로 잘라 먹지 않아야 한다.

✓ 수프를 먹을 때에는 스푼을 자신이 앉은 방향을 기준으로 앞에서 뒤쪽으로 떠 먹으며 소리나지 않도록 조심한다.

✓ 음식을 먹다 남기는 것은 음식이 형편없어서 먹을 수 없다는 의미가 되기 때문에 남기지 않도록 먹을 만큼만 가져온다.

✓ 음식에 대한 칭찬도 해주는 것이 좋다.

2) 서유럽의 경제강국 독일

서유럽 독일의 자연환경

북부지역은 북해, 발트해와 접하고 있고 동쪽으로는 폴란드, 체코, 남쪽으로는 스위스, 오스트리아, 서쪽으로는 프랑스, 벨기에, 네덜란드와 접한다. 북부지역은 평원이나 저지대이며 중부지역은 고지대이며 남부는 알프스신맥을 따라 산과 호수들이 어우러져 있으며 독일 국경을 흐르는 나일강이 있다.

날씨는 연중 온화한 온대기후로서 서유럽의 해양성 기후와 대륙성 기후의 중간으로 봄은 서늘하고 여름은 덥고 건조하며 프랑스에 비해 약간 추우며 일조량이

매우 적고 고원과 숲이 많아서 농산물의 생산에 적합하지 않은 지리적 자연환경을

가지고 있다. 북해는 비교적 해산물이 풍부하나 그 밖의 지역은 해산물이 다양하지 못하다. 생선요리는 청어를 이용한 소금절임이 유명하다.

독일 음식문화의 역사

독일민족은 게르만족으로 색슨족, 프랑크족, 알레만, 바바리안 등의 여러 인종이 섞여 있다. 그러나 게르만족은 훈족의 침입을 피하기 위해 로마 영토까지 들어갔으나 로마제국의 멸망으로 라인강 유역에 프랑크 왕국을 세워 유럽을 지배하게 되었다. 이후 프랑크 왕국은 동프랑크, 서프랑크, 이탈리아 북부로 나누어졌는데 이때부터 프랑스와 독일로 분리되었다.

여러 민족이 각각의 고유한 지역적 음식문화를 형성하고 민족이 통합되는 과정에서 음식문화가 발달되었다. 음식문화의 기원은 절대주의 시대의 호프(hof) 귀족의 식습관이 부르주아지(bourgeoisie, 중산층)에서 시작하여 일반 대중에게 전파되어 오늘날 독일인의 식습관을 형성하게 되었다.

독일은 농산물의 생산에 적합하지 않은 자연환경이지만 오히려 이런 악조건이 음식문화 발달에 긍정적인 요소로 작용하였다. 환경에 적합한 감자를 이용한 다양한 요리를 만들었고 수질이 나빠 대체음료로서 맥주가 발달하였는데 5세기에 중세 수도원에서 맥주를 만들어 즐겨 마셨고 지방마다 맥주 제조방법이 다양하여 오늘날 많은 종류의 맥주가 존재하게 되었다.

또한 다른 나라들처럼 독일도 프랑스 요리의 영향을 받아 세계적인 요리로 발전할 수 있었다. 식재료가 부족하기 때문에 짧은 기간 내에 사육할 수 있는 돼지를 길러 가공한 소시지를 즐겨 먹으나 쇠고기나 닭고기도 좋아한다.

각 지방마다 독특한 요리방법으로 1,000종 이상의 다양한 맛을 내는 소시지가 있다. 감자는 매우 중요한 음식으로 다양한 감자요리가 있고 주요리, 디저트, 수프로 이용된다.

독일의 독특하고 서민적이며 소박한 음식

유럽 국가들의 교류의 중심지로서 여러 유럽 국가들과 인접하고 있으며 역사적으로 인접 국가와의 잦은 충돌로 인한 문화적 영향을 받았지만 다른 문화에 대한 배타적, 보수주의적 국민성을 지닌 독일인들은 다른 나라의 음식문화를 적극적으로 받아들이기보다는 열악한 지리적 환경에 적합한 음식을 개발하여 독자적 음식문화를 발달시켰다.

소시지와 감자, 맥주는 이러한 독일의 식재료 생산환경을 극복하기 위해 만든 독특한 음식이다. 특히 감자는 19세기 식량부족이 있던 시기에 중요한 식품으로 공급되었으며 프라이드 포테이토, 감자 통구이, 수프, 샐러드 요리 등 각종 음식에 많이 이용된다. 감자와 함께 빵은 빠질 수 없는 주요리로 저녁에 곡식을 섞어 만든 검은 빵이나 아침에 구워내는 빵인 브뢰첸(Broechen)은 서민적이며 소박한 음식문화를 잘 반영한다.

또한 산업혁명 이후로 늘어난 노동시간 때문에 스트레스를 해소하고자 초콜릿, 비스킷, 젤리 등 단맛이 나는 음식을 많이 먹는다.

지역적인 특색이 강하고 저장요리가 발달한 독일

음식문화는 지역적 특성이 있는데 나일강을 기준으로 북부지역은 해산물 요리가 풍부하며 스칸디나비아 반도지역은 청어를 많이 먹고 저장성이 좋은 훈제방식으로 생선을 요리한다. 남부지역은 돼지고기를 이용한 가공기술이 뛰어나 육류 요리가 발달하여 소시지, 햄 등을 만들어 먹었는데 겨울의 추운 날씨 때문에 겨울 전에 돼지를 잡아 소금에 절여 겨울철 주 식량원으로 이용하였고 나머지 부위는 소시지, 햄 등 저장성이 용이한 음식을 만들어 먹었다. 또한 쇠고기보다는 돼지고기를 더 선호한다. 동부지역은 파프리카나 캐러웨이 등 강한 향신료를 많이 사용한다. 나일강 주변의 서부지역은 포도의 생산이 적합하여 와인을 활발히 제조하고 매운 양념은 하지 않는다.

자연환경을 중요시하며 절약정신이 강한 나라 독일

환경을 중시하여 먹을 만큼 음식을 하고 한 접시에 담아 먹고 남기지 않는 간편한 식습관이 배어 있으며 화학조미료 등을 사용하지 않는다. 음식을 차릴 때에는 여러 종류의 음식을 각각의 접시에 놓기보다는 큰 접시에 함께 차리는데 가능한 음식을 남기지 않고 먹는 생활습관과 음식물 쓰레기를 줄인다는 환경에 대한 의식 때문이다. 이러한 절약정신은 다른 나라에 비하여 특별한 날을 제외하고는 외식을 즐기지 않으며 저장음식을 선호하여 구입하거나 만든다. 외식은 대부분 주점에서 가볍게 음식과 맥주를 마시는 정도로 가족 간의 대화를 통해 유대를 다지는 역할을 한다. 독일인의 근면, 절약정신과 환경에 대한 강한 적응력은 특유의 민족성으로 지리적으로 열악한 환경으로 인한 식품재료 생산의 한계를 극복하고 다양한 요리들을 발전시키는 원동력이 되었다.

독일의 일상식 빵과 감자

바쁜 아침식사는 다른 유럽의 국가와 마찬가지로 브뢰첸이라는 바게트와 비슷한 빵에 버터나 과일 잼을 바르고 커피, 홍차, 주스 등과 함께 먹는다. 점심은 오후 1시경을 전후로 빵에 버터, 마가린을 발라 커피를 마시거나 육류로 된 고기요리와 채소, 감자 등으로 이루어진 따뜻한 음식을 선호하며, 점심을 하루의 식사 중 가장 중요하게 여긴다. 오후 3시경에는 티타임을 가지는데 케이크와 쿠키, 차를 마신다. 저녁식사는 빵과 샐러드, 훈제생선, 햄 등의 찬 음식을 먹는다.

※ 브뢰첸(Broechen) : 밀가루, 효모, 물만으로 만든 부드러운 빵

독일의 김치,
바이에른이 원조인 사우어크라우트(Sauerkraut)

사우어크라우트는 '신맛 나는 배추'를 의미한다.
양배추를 소금에 절여 유산균에 서서히 발효되게
함으로써 오래 저장하여 먹을 수 있도록 한 것이
다. 양배추를 소금에 절여 발효시킨 후 캐러웨이
와 같은 향신료를 섞어 만드는데 시큼하고 아삭한
느낌이 나는 독일식 김치로 피클과 함께 서양 김치
의 대표적인 음식이다. 한국의 김치, 일본의 아사

▲ 사우어크라우트

즈케가, 인도의 마살라와 유사하다. 소시지, 육류요리
등과 함께 먹는 독일인의 식사에서 중요한 음식으로 사우어크라우트의 기원은 칭기
즈칸이 유럽을 정복할 때 군인들을 먹이기 위하여 양배추를 소금에 절여 먹었던 중
국의 조리방법을 이용하던 때부터이다.

독일인의 주식 빵

빵은 독일인의 주식으로 통밀, 귀리, 호밀 등의 혼합물로 만든 유색의 빵이 대부
분이며 빵 위에 버터를 바르거나 참깨, 아마씨, 커민(cumin) 등을 위에 뿌려 향을
내어 먹는 것을 좋아한다. 빵의 종류 중 브뢰첸(Broechen)은 프랑스의 바게트처럼
겉은 딱딱하나 밀가루, 효모, 물 이외에 다른 첨가물을 넣지 않았고, 쿠헨(Kuchen)
은 케이크의 일종이며, 스펀지 시트에 잼과 크림을 바른 토르테(Torte), 패스트리
(pastry) 등이 대표적이다.

독일 바이에른 지방의 요리,
슈바이네학세(Schweinehaxe)

▲ 슈바이네학세

슈바이네학세는 소나 돼지의 발목 바로 위의 부분인 정강이뼈를 소금에 양념한 후 오븐에 구워낸 요리로서 껍질이 별미이며 사우어크라우트와 함께 먹는다.

슈니첼(Schnitzel)

▲ 슈니첼

송아지고기나 돼지고기에 빵가루를 묻혀 프라이팬에 튀겨낸 요리로 튀긴 감자를 곁들이기도 하는데 얇게 썬 고기의 독일풍 돈까스이다.

아인토프(Eintopf)

한 그릇이라는 의미의 '아인토프'는 커다란 냄비에 채소, 감자, 콩, 고기부스러기 등을 넣고 끓인 죽인데, 히틀러가 권장한 요리로 만들어 먹기 간편하고 영양가도 풍부하기 때문에 간편식으로 자주 먹는다. 검소한 생활습관을 잘 나타내주는 서민음식으로 대학기숙사나 서민가정에서 자주 볼 수 있다.

크네델(Knedel)

감자로 만든 야구공만 한 크기의 감자 완자이다. 독일은 기후와 지형이 감자 재배에 적합하여 빵 이외에 감자를 이용한 감자수프, 통감자구이, 감자팬케이크, 감자튀김 등의 요리는 주식과도 같은 음식이다.

각 지방마다 특색있게 발달한 소시지(sausage)

소시지는 돼지고기의 햄용 넓적다리나 어깨 부위를 제외한 부분을 갈아서 소금에 절인 후 향신료와 더불어 반죽한 후 창자에 넣어 훈제한 것을 말한다. 각 지방마다 사용하는 향신료, 조리방법이 다양하여 소시지의 종류만 해도 1,500종이 넘는다. 조리방법으로는 오븐에 굽는 방법, 물에 삶아 먹는 방법, 기름에 굽는 방법 등 다양하다. 지방별로는 바이에른 방식과 슈바르츠 방식 등으로 나눌 수 있다.

　※ 보크(bock)소시지 : 물에 삶아 먹는 소시지

　※ 크라카우어 소시지 : 그릴 판에 구워 먹는 소시지

　※ 프랑크푸르터 소시지 : 돼지고기/소고기를 혼합하여 파슬리, 향신료를 넣어 훈제시킨 것

　※ 부르스트(weiss-wurst) : 고기맛이 나며 쫄깃한 소시지

　※ 커리부르스트(curry-wurst) : 커리가루를 뿌린 것

백포도주 및 맥주

포도주 생산의 한계지역으로 향기가 좋고 단맛이 나는 백포도주를 생산한다. 품종은 리슬링(Riesling)으로 단맛이 적고 산도가 높으며 향이 진하다. 대표적인 생산지역은 아르, 라이가우, 나에, 프랑켄 등이다. 독일의 맥주는 맥아, 홉, 효모, 물을 이용하여 만들며 전 세계에서 맥주 소비량이 최고인 나라이다. 맥주의 종류가 많으며 맥주를 음료수처럼 마신다.

독일의 음식축제 및 맛집

- 옥토버페스트(Oktoberfest)

출처: https://www.oktoberfest.de/en/

독일 남부 바이에른(Bayern)주의 뮌헨에서 개최되는 세계에서 가장 규모가 큰 민속 맥주축제이다. 매년 9월 15일 이후에 돌아오는 토요일부터 10월 첫째 일요일까지 16~18일간 계속된다.

미슐랭가이드 3스타 레스토랑(독일)

- Bareiss

슈바르츠발트 안에 있는 Bareiss 호텔 1층의 레스토랑으로 헨젤과 그레텔의 배경으로 유명하며 울창한 숲과 맑은 공기(www.bareiss.com)를 자랑함

- Vendome

세계 50대 레스토랑의 하나. 현대 창작요리로 유명

- Lavie

2006년 오픈한 첫해에 소믈리에상 차지. 각종 상을 수상한 셰프군단. 현대요리

- Aqua restaurant

2016년 세계 50대 레스토랑에 선정된 곳. 독일 최고요리사 Harald Wohlfahrt. 현대요리

※ 미슐랭 스타 3개의 의미

경이로운 요리, 특별한 여행을 할 가치가 있는 음식점, 맛, 분위기, 서비스 모두 충족

독일의 식사예절

테이블 예절

✓ 식사자리에서 코를 푸는 것은 관대하여 독일에서는 고개를 돌려 푸는 것은 괜찮지만 트림 등 생리현상은 삼가도록 한다.

✓ 초대를 받고 음식에 대한 감사의 인사를 잊지 않도록 한다.

✓ 음식을 주문할 때는 소리내어 부르지 않도록 하고 눈이 마주치기를 기다린다.

✓ 식탁에 앉아서는 팔꿈치가 식탁에 닿지 않도록 해야 하고, 나이프와 포크를 동시에 사용할 경우 나이프는 반드시 오른손으로 사용한다.

주의할 행동

✓ 독일은 유럽의 나라와 식사예절이 거의 비슷하다.

✓ 식사에 초대받으면 감사 선물을 준비하며 음식을 먹을 때 소리내지 않도록 하고 음식을 입에 가득 넣고 대화하지 않는다.

✓ 국물이 많은 한국에선 후루룩 소리나 쩝쩝거리는 소리는 맛있게 먹었다는 뜻으로 여겨지지만 독일에서는 실례이다.

✓ 특히 뜨거운 차를 마실 때 소리를 내지 않도록 한다.

✓ 자신의 접시에 있는 음식은 절대 남기지 않도록 한다.

✓ 어린아이를 동반한 경우 식당 안에서 소리를 내거나 돌아다니면서 소란을 피우는 행위를 하지 않도록 부모가 막아야 하는데 우리나라와 다르게 독일인은 아이가 소란을 피우면 식사를 중단하고 나가버리기도 한다.

물질적 가치보다는 정성과 관심의 선물

✓ 다른 유럽과 마찬가지로 독일도 대화하며 식사하고 대화는 근처의 옆사람과 조용하게 하는 것이 일반적이다.

✓ 초대한 주인에게 감사의 마음을 전달하기 위해 선물을 준비하는데 물질적 가치보다는 주인의 취미나 필요로 하는 것을 선택하는 데 의미를 두고 선물하는 것

이 좋다. 보통 와인이나 초콜릿을 선물하는데 기호를 고려하여 고른다.

✓ 식당에서 팁은 몇 퍼센트를 정할 필요가 없고 거스름돈의 잔돈을 주는 것이 보통이다.

✓ 결제할 비용이 19유로라고 했을 때 21유로를 낸 뒤 1유로만 달라고 하면 1유로는 팁으로 주겠다는 의사표시가 되는데 서비스가 만족스럽지 못하다면 주지 않아도 된다.

✓ 만약 동전이 없어 카드결제를 하는 경우 카드를 주면서 팁을 포함한 금액을 결제해 달라고 하면 된다.

3) 서유럽의 신사의 나라 영국

서유럽 영국의 자연환경

유럽대륙의 북서쪽에 위치한 섬나라로 위도가 높지만 북대서양 해류의 영향으로 비교적 온난하다. 7월의 평균기온은 16.4℃이며 연교차가 비교적 적어 겨울 기온이 영하로 떨어지는 대륙과는 달리 해양성 기후이다. 유럽 대륙 서안해양성 기후의

전형으로 여름에 서늘하며 겨울에 비교적 따뜻하나 비가 오는 날이 많고 바람이 없는 날에는 안개가 많이 낀다. 이는 영국 주변의 북대서양 난류와 편서풍이 불기 때문이다. 또한 하루에도 햇빛과 소나기가 반복적으로 교차하는 심한 해양성 기후로 매우 변덕스럽다. 5~10월까지는 날씨가 좋아 여행하기에 좋다.

국토의 대부분이 농토, 목장으로 이용되며 남부는 완만한 평원지대로 경작에 적합한 조건을 갖추고 있고 목축업이 발달

하여 소시지와 베이컨으로 양고기, 돼지고기를 즐기며 전국 모든 지역에서 생선요리, 쇠고기, 양고기를 즐긴다. 섬나라로서 세계적 어장인 북동 대서양 어장 가까이에 있어 청어, 대구 등의 어업이 활발하여 생선요리, 가공업이 발달하였다. 주요 경작물은 보리, 밀, 감자 등인데 서늘한 기후로 인하여 감자농사가 발달하여 튀김 등에 감자를 이용한 음식이 많다. 식량의 대부분을 수입에 의존한다.

영국 음식문화의 특징

전통을 중요시하는 영국의 음식문화는 비교적 단순한 요리를 추구하고 개인의 취향을 고려하는 식당문화가 발달하였다. 목축업이 발달하여 유제품을 이용한 음식이 많다.

자연스러운 요리문화 및 유연성

전통적으로 사색, 명상을 중요시하는 사색문화를 지향하면서 음식문화는 크게 발달되지 않았으며 다른 나라에 비해서도 다양성이 부족하다.

◆ 요리는 비교적 단순하며 손쉬운 재료를 이용하여 간단히 요리하고 조미료는 거의 사용하지 않는다. 입맛에 따라 향신료(마늘, 후추, 앤초비 등)를 조금 넣어서 먹는 전통적인 조리법을 통해 음식 자체의 맛과 향을 즐기며 자연스럽고 소박하다.

◆ 육류는 큰 덩어리째 굽거나 허브나 향신료로 가볍게 양념해서 구워 소스를 발라 먹는 정도이다. 조리법은 굽거나 찌는 전통적인 방법을 고수하고 있으나 유연성을 가지기도 한다.

◆ 파이를 즐기는데 파이에 생선, 육류, 과일, 채소 등을 섞어 넣고 파이껍질로 감싼 후 구워 먹는다.

※ 현재는 세계 각국의 음식문화를 잘 수용하여 수많은 레스토랑에서 불고기, 스

파게티 등 세계 각국의 음식을 맛볼 수 있으며 영국 술집인 팝(pub)에서도 음식을 먹을 수 있다.

차 문화

◆ 영국의 음식은 먹는 문화보다는 오히려 마시는 문화가 보편적으로 발달

◆ 음식문화의 특징은 차 문화, 영국의 식민지인 인도의 영향을 받아 발전

◆ 주로 인도산 차를 마시지만 상류층은 중국차를 마시는 경우도 있다.

◆ 차 문화 발달과 함께 푸딩, 파이, 비스킷 등도 함께 발달

◆ 영국의 대표적 음료는 홍차

◆ 식간에 마시는 차는 과자류(비스킷, 푸딩)나 토스트 등을 함께 먹는다.

풍성한 아침식사

대표적인 음식문화는 풍성한 아침식사(English Breakfast)이다. 대부분의 유럽 국가들이 아침식사를 커피와 토스트로 간단히 먹지만 영국의 문화는 바쁜 일과로 인해 점심시간이 부족하여 아침에 충분한 음식을 섭취하고 일과를 시작하는데 이런 이유로 'English Breakfast'란 말이 생겨났다.

기후가 적합하지 않아 다양한 종류의 과일이 생산되지 않지만 서늘한 기후로 감자농사가 잘되어 팬케이크, 튀김 등이 발달하였다. 영국에서의 유명한 식당 중 하나는 팝(pub)이다. 점심식사를 하기도 하며 사교나 서민의 휴식공간으로 이용되기도 한다.

종류	특징
아침	과일주스, 우유와 콘플레이크, 베이컨, 에그 프라이, 소시지에 양파 구운 것, 버섯, 토마토를 프라이팬에 구운 것, 커피, 홍차
점심	• 메인은 2코스, 주중은 샌드위치 등으로 간단히 식사, 로스트 비프, 생선, 감자, 채소 • 후식은 푸딩, 타르트(tarte, 과일파이), 으깬 감자

종류		특징
차	Afternoon tea	• 오후 3~4시, 간식으로 비스킷, 케이크를 함께 먹는다.
	High tea	• 오후 5~6시에 마시는 차로 영국의 전통적인 저녁식사와 함께 마신다.
저녁	Dinner	• 점심을 간단히 먹은 경우 정찬 코스요리 식사
	Supper	• 늦은 저녁을 가볍게 먹는다. • 생선, 감자, 채소, 고기, 차, 맥주, 위스키를 즐긴다.

영국의 대표 음식

로스트 비프(roastbeef)와 요크셔 푸딩(yorkshire pudding)

로스트 비프는 대표적인 전통요리로 기름기 있는 커다란 쇠고기에 소금, 후추를 뿌리고 버터를 발라 덩어리째 구워내는 가장 간단한 요리로 가정의 일요일 점심식사 메뉴로 많이 사용한다. 익은 고기를 얇게 자른 후 우스터 소스, 겨자소스를 치며 요크셔 푸딩과 함께 먹는데, 밀가루, 달걀, 우유를 섞어 반죽을 하고 로스트 비프를 굽고 난 뒤 흘러내린 육즙의 기름을 부어 오븐에 익힌 것이다.

※ 우스터 소스 : 맥아로 만든 식초와 양파, 멸치젓, 간장 등을 섞어 만든 것

피시 앤 칩스(fish and chips)

- 생선요리로 생선과 감자를 이용한 튀김
- 가격 저렴, 간편하게 먹을 수 있어 점심식사로 많이 먹는 고칼로리 음식
- 튀김용 생선은 대구, 가자미, 명태 등의 흰살 생선을 이용

▲ 피시 앤 칩스

코니쉬 패스트리(cornish pastry)

다과용 음식으로 패스트리에 고기, 감자, 양파 등을 채워 넣고 오븐에 구워낸 음식으로 따뜻하게 먹어야 맛있다.

▲ 코니쉬 패스트리

하기스(haggis)

내장음식인 하기스는 스코틀랜드 기념일에 만들어 먹는 전통음식으로 양 등 동물의 간, 허파를 쇠기름과 오트밀에 섞고 소금, 양파 등으로 양념한 후 다시 양의 위장 속에 넣어 소시지처럼 삶아낸 음식이다.

▲ 하기스

영국의 음식축제 및 맛집

• 테이스트 오브 런던(taste of London)

매년 여름 런던 시내 리젠트 파크(Regent's park)에서 열리는 테이스트 오브 런던(Taste of London)은 5일간 열리는 영국 최대규모의 축제이다. 유명 레스토랑의 음식을 한자리에서 맛볼 수 있고, 유명 세프들도 만나볼 수 있다. '테이스트 오브 런던'을 시작으로 이 축제는 유럽의 다른 도시로도 확대되고 있다.

출처: https://london.tastefestivals.com/news/

축제이름	일정	내용
맨체스터 맥주 & 사이다 축제	1월	북부 잉글랜드에서 가장 큰 맥주축제 맨체스터 지역의 양조장에서 다양하고 맛있는 음식을 제공
런던 커피 축제	2월	모든 커피 애호가를 위한 축제
런던 와인 축제	4월	런던 전역에서 와인, 페어 메뉴, 코르크 마개 거래 및 다양한 이벤트 제공, 와인투어

미슐랭가이드 3스타 레스토랑(영국)

• Alain Ducasse at The Dorchester(알랭 뒤카스)

세계적인 셰프 '알랭 뒤카스'가 운영하는 런던의 레스토랑으로 독특한 음식경험을 제공. 흑송로버섯 유명. 프랑스 최고급 요리의 진수를 맛볼 수 있고 명품 쇼핑가 몽테뉴 거리에 있는 호텔플라자 아테네 안에 위치

http://www.alainducasse-dorchester.com/

• Restaurant gordon ramsay London(고든램지 레스토랑)

너무 잘 알려진 고든램지 레스토랑.

방문 전에 반드시 예약을 해야 하고, 드레스코드가 있으니 적합한 복장 필요, 런던에 10개의 체인점, 예약 시 메뉴 선정 필요

https://www.gordonramsayrestaurants.com/restaurant-gordon-ramsay/

• The fat duck

영국의 스타셰프 훼스톤 블루멘탈이 운영하는 런던 근교 부촌 Bray 지역에 있

는 영국식 음식점. 17년도에 새로 3스타를 받은 레스토랑이다. 런던 근교여행으로 관광 시 추천

영국의 식사예절

테이블 예절

✓ 신사의 나라 영국에서도 유럽의 다른 나라와 같이 식사 시 소리를 내며 먹는 것은 예의에 어긋나는 행동이다.

✓ 모든 사람들에게 음식이 나오기 전까지 먼저 식사를 하면 안 된다.

✓ 식사 후에는 접시에 포크와 나이프를 올려둔다.

냅킨의 사용

✓ 테이블 냅킨의 경우 입을 닦는 용도로만 사용해야 하며 코를 푸는 데 사용하면 예의에 어긋난다.

✓ 핑거볼에 씻은 후 손가락을 가볍게 닦을 때 사용한다.

손의 위치

✓ 큰 그릇에 음식이 나오면 자신의 그릇에 덜어먹는데 몸을 일으키지 않는다.

✓ 필요시 상대방에게 그릇을 달라고 하여 직접 덜어먹는 것이 바람직한 행동이다.

✓ 음식물을 잡기 위해 다른 사람의 접시 위로 팔을 뻗지 말고 집어달라고 부탁하는 것이 더 바람직하다.

✓ 팔꿈치를 테이블 위에 올려 놓으면 안 된다.

대화

✓ 대화는 자연스러운 내용을 주제로 상대방이 공감할 수 있는 것으로 하고 큰 소리를 내거나 웃지 않는다.

✓ 입을 벌려 음식을 씹거나 음식물이 입에 들어 있는 상태에서 대화하는 것은 좋지 않다.

✓ 여성이 식사자리에 착석할 때 남성이 도와주는 것이 예절이다.

✓ 식사에 초대되면 싫어하는 음식을 미리 알려주어야 한다.

2. 남유럽의 음식문화

1) 남유럽의 이탈리아

이탈리아, 스페인, 포르투갈, 그리스와 지중해역을 포함하는 남부유럽은 역사상 세계를 지배했던 시대가 있으며 그 영향으로 문화유산이 아직도 잔존하고 있다. 친족을 중시하는 혈통적인 면이 강하며 이 때문에 아직도 자신들의 문화와 언어를 지키려고 하는 면이 있다. 또한 지중해 건너편의 북아프리카와 중동과도 가까워 교류가 활발하여 역사적으로 유럽문화의 형성에 아주 중요한 역할을 하였다.

이탈리아의 자연환경

북쪽은 알프스산맥을 경계로 스위스, 오스트리아, 프랑스와 접하고 있고 북동쪽으로는 유고슬로비아와 접하고 있다. 남쪽은 이오니아해, 서쪽은 티레니아해로 둘러싸여 있으며 시칠리아섬, 엘바섬, 이쉬카 등 많은 섬들로 이루어진 산이 많은 반도국가로서 지중해 중앙부에 위치하고 있다.

인종의 대부분은 라틴계의 이탈리아인이며 그 외 독일계와 프랑스계의 소수민족으로 국민성은 대체로 낙천적이며 국교는 가톨릭교로 전체인구의 98%를 차지한다.

국토의 60%가 농지이며 나머지는 방목지로 이용되고 있다. 위도는 북위 36~47도에 있지만 프랑스 남부, 스페인, 포르투갈 등과 함께 남유럽 지중해 문화권에 속하여 겨울철에는 따뜻하며 여름은 매우 덥고 건조한 연중 온화한 지중해성 기후이다. 특히 7, 8월에는 강수량이 적고 햇빛이 매우 강하다.

※ 이탈리아의 시대별 음식과 특징

시대	음식의 종류와 특징
로마시대	귀족은 육류와 생선, 평민은 곡물류로 빵, 죽, 콩류
중세시대	빵, 수프, 유제품, 향신료, 화덕 발달, 도시민과 지배층 간의 음식문화 공유
르네상스시대	수프, 구운 고기, 삶은 고기, 샐러드, 과자류, 설탕
근대	프랑스의 음식 도입, 콩소메, 소스, 영국의 차 문화 도입, 커피, 홍차, 초콜릿
현대	이탈리아 민족성이 반영된 전통음식이 대중화, 소박하고 대중적인 음식

르네상스시대

도시국가 로마에서 르네상스를 거치면서 다양한 문화가 뿌리를 내려 세계적으로 자랑하는 유수한 음식문화유산을 가지게 되었다. 로마, 베네치아, 나폴리 등 여러 왕국으로 분리되었다가 가리발디에 의해 통일국가로 성립된 지 150년이 채 지나지 않아 각 지역마다 서로 다른 풍토와 역사를 바탕으로 한 전통음식이 이어져 내려와 향토음식으로 서로 어울려 지금의 이탈리아만의 독특한 음식문화를 형성했다.

이탈리아 조리기구의 영향

메디치가의 캐서린 공주가 프랑스 왕세자인 앙리 2세와 결혼하면서 이탈리아의 세련된 요리법과 다양한 식재료, 조리기구 등이 프랑스에 전해지게 되었으며 이는 더 나아가 유럽 전역의 음식문화의 발달에 큰 영향을 주었다.

※ 이탈리아 음식문화의 지역적 차이

지역	특징
남부	• 바다와 인접하여 풍성한 해산물을 이용한 다양한 지중해 요리가 발달 • 올리브, 토마토, 오렌지 등 과일 풍부 • 마늘 등 향신료를 많이 사용한 음식 • 피자와 파스타(나폴리 지역) • 조미료(베이즐, 파슬리, 후추, 타임등)를 곁들인 소시지 • 올리브 오일에 볶아 토마토을 곁들인 어패류 • 파르메산 치즈 많이 사용
중부	• 유제품이 풍부하여 버터, 크림소스 사용 • 조리 시 향신료 많이 사용(이탈리아 무역의 중심) • 버터에 튀긴 송아지고기 • 라비올리(치즈, 고기, 크림을 넣은 파스타) • 프랑스 등의 인접국가에 영향을 받아 퓨전요리 성행 • 고원지대는 육류와 치즈를 이용한 고열량의 햄, 버터, 생크림, 옥수수 등 다양한 요리가 발달, 향토색
중부	• 남부와 북부 요리의 특징을 수용, 강한 소스를 사용. 매운맛을 내는 요리가 유명

▲ 이탈리아식 화덕

향신료의 발달

고대 지중해 연안에 정착한 페니키아인과 그리스인에 의해 올리브 나무와 병아리콩(chickpea)이 전해졌고 이슬람교도들에 의해 레몬, 오렌지, 사탕수수, 쌀, 여러 종류의 사탕과자와 향신료 등이 들어왔다.

토마토, 고추, 자, 고구마, 옥수수, 파인애플, 다양한 종류의 호박, 초콜릿, 바닐라, 칠면조 등은 신대륙으로부터 들어와 이탈리아를 비롯한 유럽인들의 식탁에 풍요로움을 가져오게 되었다. 특히 남미로부터 전해진 토마토는 널리 애용되어 버터 중심의 소스에서 토마토 중심의 소스로 변화하는 중요한 계기가 되었다.

식재료 풍부

북부의 산악지대와 중남부의 비옥한 토양과 온난성 지중해 기후 등의 천연자연 조건으로 식재료가 풍부하다. 양고기, 쇠고기, 돼지고기, 말고기 등의 다양한 육류와 올리브유, 밀, 토마토, 와인 등의 식물성 음식이 조화롭게 사용된 요리가 많다.

육류요리 발달

신선한 고기를 마늘과 허브로 양념하여 석쇠나 오븐에 구워 소스로 맛을 내는 것이 일반적이며 특히 전골식의 토끼고기를 좋아한다. 또한 가공한 고기와 소시지도 발달하였으며 모르타델라(mortadella), 살시챠(salsiccia), 살라미(salami)와 파르마 햄(parma ham) 등이 대표적이다.

이탈리아의 정찬 3~6코스

이탈리아 정찬식사의 제공순서는 다음과 같다.

① 아페리티보(aperitivo)

손님이 모이기 전에 서서 차가운 전채요리와 식전주를 곁들인다. 포카챠나 브루스케따와 올리브 튀김과 스푸만테 등을 주로 마신다.

※ 포카챠(focaccia) : 피자반죽에 올리브유를 바르고 채소를 넣어 구운 빵

※ 브루스케따(bruschetta) : 바게트에 치즈, 과일을 얹은 음식

※ 스푸만테(spumante) : 스파클링 와인

② 안티파스토(antipasto)

식사 전에 식욕을 돋우기 위한 애피타이저(appetizer)로 복잡한 조리과정 없이 비교적 간단히 만드는 지중해식 참치요리, 채소절임, 해물절임, 올리브, 허브에 절인 육회, 토마토 카나페, 쇠고기 카르파쵸를 먹는다. 보통은 양이 적고 새콤달콤한 요리가 많으며 손님이 직접 선택할 수 있다.

※ 카르파쵸(carpaccio) : 쇠고기를 얇게 쓸어 올리브 오일, 마요네즈에 절인 것

③ 프리모 피아토(primo piatto)

프리모 피아토는 첫 번째 접시란 의미로, 곡류를 사용한 요리로서 주요리 전에 나온다. 미네스트라(minestra, wet course) 혹은 주파(zuppa)로 불리는 수프를 먹거나 아시우타(asciutta, dry course)로 파스타(pasta), 뇨끼(gnocchi), 리조또(risotto) 등을 먹는다.

④ 세콘도 피아토(secondo piatto)

세콘도 피아토란 두 번째 접시의 의미로 주요리를 말한다. 소고기, 양고기, 조류, 해물을 이용한 요리로서, 익힌 감자, 채소를 곁들인 송아지고기 조림이 유명하다.

⑤ 인살라타(insalata)

주요리에 이어 나온 입가심용 샐러드

⑥ 돌체(dolce)

돌체는 이탈리아어로 부드러운, 달콤함을 뜻함. 식후에 달콤한 치즈(fromaggio)와 과일, 아이스크림, 패스트리(pastry), 타르트(tart), 쿠키 등을 주로 먹는다. 특히

이탈리아인이 즐겨 먹는 티라미수(trimisu)는 치즈의 부드러움과 진한 커피향이 더해져 아주 매력적이다.

⑦ 리귀오레(liguore) 및 카페(cafe)

식후주로 도수와 단맛이 강하다. 그라파나 아모로(amoro), 리몬첼로(limoncello) 등 도수가 높은 음료나 진한 에스프레소나 카푸치노 등을 마신다.

※ 그라파(grappa) : 포도주용으로 과즙을 짜고 남은 찌꺼기를 다시 짜낸 즙을 발효 증류하여 만든 도수가 높은 술

이탈리아의 대표 음식 ▪▪▪▪

이탈리아의 파스타(pasta)

파스타는 이탈리아어로 '반죽'을 의미하며 밀가루에 물과 달걀을 넣어 반죽하여 밀고 성형한 것을 통틀어 파스타라한다. 각종 채소, 허브, 향신료를 넣어 맛과 향, 색을 달리한 다양한 파스타가있다. 파스타에 사용되는 밀은 세몰리나(semolina, 단백질 함량이 높은 듀럼밀로 사용)로 탄력이 강하고 잘 퍼지지 않아 오랫동안 쫄깃한 맛을 유지할 수 있는 것이 특징이다.

▲ 다양한 모양의 파스타
(스타게티, 푸실리, 리가티, 파르팔로네, 펜네, 뇨끼)

파스타 만드는 방법은 지역에 따라 약간씩 차이가 난다. 북부지역에서는 생(生)파스타를 주로 이용하며 라비올리(ravioli)나 토르텔리니(tortellini)에 크림소스를 얹어 먹는 것을 즐긴다. 반면에 남부지역에서는 스파게티처럼 주로 건조시킨 파스타

를 즐겨 먹으며 소스는 올리브유, 마늘, 토마토를 주로 사용하며 버터나 크림을 거의 사용하지 않는다.

파스타는 건조 정도와 그 모양에 따라 수많은 종류가 있다. 대표적인 파스타의 종류를 살펴보면 다음과 같다.

파스타의 종류	특징
long pasta (긴 파스타)	• 스파게티, 카펠리니(capellini), 페투치니(fettucini) • 백포도주에 조개를 넣고 끓인 봉골레(vongole)처럼 가볍고 묽은 소스를 곁들인다.
medium pasta (중간크기 파스타)	• 2.5~3.5cm 길이로 모양에 따라 골이 파인 리가토니(rigatoni), 펜 모양의 펜네(penne), 나비모양의 파르팔레(farfalle) 등 되직하고 건더기가 씹히는 라구 타입(ragu type)의 소스나 크림소스를 곁들인다.
short pasta (짧은 파스타)	• 짤막한 길이로 바퀴모양의 로텔레(rotelle), 별모양의 스텔레떼(stellette), 조개껍질 모양의 콘칠리에떼(conchigliette) 등, 수프나 스튜 등의 요리에 넣어 먹는다.
stuffed pasta (속을 채운 파스타)	• 우리나라 만두처럼 밀가루 피에 속을 채운 네모난 모양의 라비올리(ravioli), 배꼽모양의 토르텔리니(tortellini) 등이 있다.
wide pasta (판형 파스타)	• 넓적한 형태의 파스타로 여러 가지 속재료를 층층이 얹어 구운 라자냐(lasagna)와 속재료를 넣고 돌돌 말아 구운 카넬로니(cannelloni) 등이 대표적이다.
dry pasta (말린 파스타)	• 건조시킨 파스타로 스파게티(spaghetti), 링귀네(linguine), 베르미첼리(vermicelli), 마카로니(macaroni) 등이 있다.
wet pasta (생 파스타)	• 말리지 않은 파스타에는 토리텔리니(tortellini), 라비올리(ravioli), 라자냐(lasagne, 판형으로 얇게 민 것) 등이 있다.

소스의 종류	특징
볼로네즈 (bolognaise)	다진 고기에 토마토 퓌레를 넣은 소스 이탈리아의 볼로냐(Bologna) 지방이 원조 라구(ragu)소스라고도 하며, 미트소스 스파게티를 만들 때 이용
푸타네스카 (puttanesca)	토마토, 블랙올리브, 양파, 오레가노, 마늘, 앤초비 등 이탈리아의 가정에서 요리할 때 흔히 사용하는 소스, 매콤한 맛이 특징
카르보나라 (carbonara)	크림, 베이컨, 달걀, 파마산 치즈를 넣어 만든 소스 크림의 부드러움과 고소한 맛이 특징 식으면 느끼, 뜨거울 때 먹어야 한다.

소스의 종류	특징
페스토 (pesto)	바질, 마늘, 올리브유, 파마산 치즈, 잣 등을 함께 넣어 갈아 만든 파스타 소스
wet pasta (생파스타)	봉골레는 이탈리아어로 조개란 뜻 주로 조개와 마늘을 주재료로 쓰는 담백한 나폴리식 소스 특히, 오일소스로 만든 파스타를 봉골레라고 하는 경우가 많다. 

이탈리아의 피자(pizza)

이탈라아의 대표피자인 나폴리 피자는 장작 화덕에서 구워낸 것으로 둥근 모양이며 크러스트 반죽은 손으로 한 것으로 두께는 2cm 이하로 만들어야 한다. 토핑재료로 토마토 소스, 치즈, 앤초비(절인 멸치), 채소, 해물 등이 사용된다.

▲ 피자

나폴리 피자에는 피자치즈로 알려진 모짜렐라와 프로볼로네를 주로 이용한다.

※ **모짜렐라**(mozzarella) : 물소 젖으로 만든 탄력 있는 치즈

※ **프로볼로네**(provolone) : 우유로 만든 치즈. 모짜렐라 치즈보다 맛이 더 강한 단단한 훈제치즈

리조또(risotto)

쌀을 이용한 요리로 쌀과 채소 등을 넣어 볶다가 포도주로 향을 내고 닭육수를 넣고 부드럽게 익히는 이탈리아식 볶음밥 요리. 밀라노를 비롯한 북부지역에서는 낙농업과 쌀 재배가 매우 발달하여 육류요리와 쌀요리를 즐겨 먹는다.

▲ 리조또

뇨끼(gnocchi)

▲ 뇨끼

삶은 감자나 으깬 호박 등에 밀가루, 달걀을 넣고 혼합하여 둥글게 빚어 끓는 물에 넣고 삶은 경단 모양의 음식이다. 파스타와 마찬가지로 토마토 소스나 고르곤졸라 치즈 소스에 버무린다.

올리브유

▲ 올리브

이탈리아 음식의 가장 중요한 재료인 올리브는 절임해서 먹기도 하지만 기름으로 짜서 오일 형태로도 먹는다. 맛과 영양 면에서 우수하며 육류나 빵, 피자 위에 뿌려 먹기도 하고 과육에서 짜낸 유지로 식초와 함께 드레싱으로 만들어 먹기도 한다. 올리브유는 다이어트와 건강식으로 아침마다 공복으로 한두 숟가락 정도 먹기도 하며 불포화지방산이 다량 함유되어 있어 콜레스테롤의 형성을 억제하여 심장병 질환에도 효과가 있다.

이탈리아의 음식축제 및 맛집

• **이탈리아 피렌체 음식축제**
르네상스의 발상지 피렌체에서 이탈리아의 새로운 맛의 음식기회 제공

• Stragusto 음식축제

Stragusto 음식축제는 시칠리아 거리의 가장 큰 음식축제. Piazza Merato del Pesce(수산시장)에서 열리며 행상인이 지역 음식을 판매하며 맛있는 지중해 음식 제공, 이탈리아 지역요리와 다른 나라의 여러 요리와 함께 제공

출처: http://ko.allexciting.com/stragusto-food-festival/

• Lapergola(라페르골라)

이탈리아의 유일한 미슐랭 3 star 레스토랑으로 유명, 주변경관 우수, 코스요리 고가, 예약필수

https://romecavalieri.com/it/

• Pagliaccio

이탈리아의 로마에 위치한 미슐랭 2 star 레스토랑, 코스메뉴

http://www.ristoranteilpagliaccio.it/

예약필수

이탈리아의 지역별 맛집 검색

https://www.tripadvisor.co.kr/Restaurants-g187768-Italy.html

2) 남유럽의 스페인

스페인의 자연환경

유럽에서 세 번째로 큰 국가로 유럽의 서남단인 남유럽 이베리아 반도에 위치

하는데 서쪽으로는 포르투갈, 북쪽으로는 프랑스와 인접하고 있으며 남쪽으로는 모로코와 인접하고 있다. 투우로 유명한 정열의 나라이며 50여 개의 주로 구성된 나라로 국민의 대부분이 농업에 종사한다. 국토의 2/3이 고원지대로 이루어진 스페인의 기후는 다음과 같다.

북부 피레네산맥을 중심으로 한 산악지역은 프랑스와 인접하고 있으며 강수량이 많고 숲이 우거져 낙농업이 발달하였으며, 중부지역은 메세타 고원지역으로 포르투갈과 인접하며 대륙성 기후에 가까워 강수량이 적고 건조하며 일교차가 심해 곡물류의 재배에 적합하지 않고 올리브나 포도 등이 잘 자란다.

남부지역은 지중해와 인접하고 있어 지중해성 기후로 연중 온화하고 비가 적어 오렌지, 벼, 바나나, 사탕수수 등이 재배되고 있으며 이 지역의 주민은 낙천적인 성격이다. 서부지역은 해양성 기후로 여름철은 서늘하나 겨울에는 따뜻한 특징을 나타낸다.

페니키아인과 그리스인들이 해안에 건설한 무역도시에서 시작한 스페인의 음식문화는 로마, 켈트족, 이슬람의 통치기간 동안 이들의 다양한 음식문화를 받아들여 스페인 토착음식문화가 서로 어울려 발달하게 되었다.

스페인 음식문화의 특징

풍부한 식재료

고대로부터 로마, 게르만족, 그리스(BC 6세기), 아랍민족의 지배하에 다양한 외부의 음식문화와 종교가 유입되면서 스페인의 음식문화 형성에 영향을 주었다.

음식문화는 유럽의 장식적이고 화려한 음식에 비해 소박하고 푸짐한 상차림으로 그들만의 특성을 가지고 있으며 하루를 음식으로 시작해서 음식으로 마감하는 관습에 의해 1일 5식의 문화가 형성되었으며, 음식의 종류도 다양하게 발달할 수 있었다.

스페인은 매콤하고 자극적인 음식을 좋아하여 후추, 마늘을 특히 요리에 많이 이용하며 밀을 주식으로 하기 때문에 항상 육류를 즐긴다. 또한 조개, 어패류, 육류를 섞어 만든 요리들은 묘한 어울림으로 음식의 맛을 높여 느끼함을 뺀 담백함으로 더욱 입맛을 당기게 한다.

스페인 음식문화의 영향요소	특징
아랍권 영향	쌀, 레몬, 후추, 오렌지, 사탕, 사프란 사용
게르만 민족 영향	육가공품 발달
신대륙의 발견	감자, 토마토, 고추, 카카오, 초콜릿
멕시코에 전파	닭, 양파, 밀, 쌀, 올리브, 소, 당근 전파
로마음식문화의 영향	마늘, 올리브 등 향신료 사용

지역별 음식의 발달

• 안달루시아 지방

가스파초는 채소수프로 토마토, 피망, 오이, 마늘을 블렌더에 간 뒤 올리브유를 첨가한 차가운 수프로 무척 더운 이 지역의 여름철 음식이다.

• 카스티야 지방

올리브 오일과 마늘, 빵을 곁들여 먹는 마늘 수프와 양파, 송아지고기, 당근, 시금치로 만든 미네스트라가 유명, 오븐구이와 추로스와 등이 대표 음식이다.

• 바르셀로나 지방

사르수엘라는 생선과 해산물을 주원료하여 한 가지 소스만 넣어 만든 음식이 유명하다.

• 바스크 지방

대구나 참치로 만드는 요리가 흔한데 대구조림, 오징어먹물조림, 정어리 숯불구이 등이 있다.

• 발렌시아 지방

스페인 빠에야의 본고장으로 빠에야는 대부분의 가정에서 일요일에 점심 정찬으로 먹는 요리이다. 전형적인 발렌시아식 빠에야는 주재료인 쌀에 고기와 채소를 곁들이는데 조개나 게, 미트볼 등을 넣어서 만든다.

진한 와인

연중 온화하고 적당한 강수량으로 포도주 생산에 최적의 조건을 갖추고 있다. 특히 남부지역과 북부의 리오하 지방은 포도재배의 최적의 조건을 갖춘 유럽의 대표적인 포도주 생산지이며 다른 유럽국가에 비하여 색깔이 매우 진하고 단맛이 강한 것이 특징이다.

요리에 다량의 콩을 사용

수프나 스튜 등의 맛을 내기 위해 여러 종류의 콩을 사용하고 있다. 콩깍지에서 갓 까낸 콩에서부터 건조상태로 하룻밤은 불려야 조리를 할 수 있는 딱딱한 콩까지 다양한데 이를 이용한 음식도 매우 다양하다.

스페인은 통일되기 전 각 지방의 고유한 문화 속에서 독특한 생활을 해왔기 때문에 지방색이 강한 지역별 전통적인 음식이 발달하였다.

돼지, 양고기 요리가 많으며 지역에 따라서는 어패류도 많이 쓴다. 특히 이슬람의 문화로 쌀이나 사프란 같은 향신료를 이용한 음식이 많고 바스크 지방을 제외하고는 매운 요리는 좋아하지 않는 편이다.

빠에야(paella)

빠에야란 말은 넓고 얇은 프라이팬을 뜻하며 마늘과 양파, 닭고기, 새우, 홍합, 조개 등을 올리브로 볶아 향을 낸 후 쌀을 넣어 끓인 요리로 해물볶음밥과 유사하다. 빠에야는 발렌시아 지방에서 유래된 전통음식으로 노란색을 띠는 사프란을 넣어 색과 향이 특징적이다.

▲ 빠에야

특히 팬의 바닥에 한국의 누룽지처럼 밥이 눌어 딱딱해진 것을 '소카라다'라고 하는데 빠에야보다 소카라다를 더 좋아한다.

하몽(jamon)과 초리소(chorizo)

하몽(jamon)은 돼지의 뒷다리를 생으로 소금에 절여 신선한 바람에 말린 것으로 대표적인 저장육류 식품이며 소금에 절인 후 건조했기 때문에 저장성이 뛰어나 오랜 기간 동안 천천히 먹을 수 있는 특징이 있다.

하몽 중 대표적인 '하몽 이베리코'(jamon

▲ 초리소

iberico)는 도토리만 먹여 키운 돼지의 뒷다리로 만든 것으로 발톱이 까맣게 되어 빠타네그라(pata negra)라고 하여 최상의 하몽으로 육질이 부드럽고 연한 햄으로 가격이 비싸며 햄 중 최고의 상품이다. 하몽 세라노(jamon serano)는 훈제하지 않고 소금에 절여 건조한다. 추운 산간지방에서는 동굴에서 숙성시켜 푸른곰팡이가 나게 한 음식을 '하부로'라 하며 서부 산간지방의 대표적 음식이다. 초리소(chorizo)는 돼지고기와 마늘, 피멘토(빨간 파프리카 가루)를 사용하여 만든 스페인의 대표적인 소시지이다.

추로스(churros)

▲ 추로스

아침 식사용이나 간식으로 먹는 빵이다. 밀가루에 베이킹파우더를 넣어 반죽 후 막대모양이나 U자 모양으로 튀긴 도넛의 일종이다. 주로 초코라떼나 커피와 함께 먹는다.

가스파초(gaspacho)

▲ 가스파초

토마토, 오이, 양파, 마늘과 빵을 익히지 않은 채 갈아서 거른 것에 물을 넣고 소금과 레몬으로 간한 차가운 수프이다. 가스파초는 스페인의 날씨를 대변해 주는 음식으로 안달루시아 지방에서 유래했지만 전 지역에서 사랑받는 음식이다. 가스파초는 뒤범벅, 혼돈, 혼합, 섞음이라는 어원으로 아랍어 '까스파'에서 유래된 말이다. 가스파초 재료에 들어가는 빵과 채소 조각들의 혼합이라는 뜻도 있다.

아사도(asado)

아사도는 로스트라는 뜻으로 생후 15일에서 20일 정도 된 새끼돼지의 배를 갈라 구운 코치니요 아사도(cochinillo asado)가 세고비아의 명물요리이다. 약 50cm 크기의 새끼돼지를 꼬치에 끼워 숯불에 빙빙 돌려가며 구워내는 요리로 바싹 구워진 껍질부분과 속이 연한 돼지고기가 별미이다. 별다른 양념 없이 소금을 찍어 먹는다.

와인(wine)

와인은 북부 프랑스 국경에서부터 남부 해양지대에 이르기까지 전 지역에서 생산된다. 주요 산지는 헤레스, 리오하, 몬티야, 카탈로니아 등이며 세계적으로 잘 알려진 와인은 헤레스 지역의 셰리와인(sherry wine)이다. 셰리와인(sherry wine)은 서로 다른 해에 생산된 포도를 섞어서 발효시켜 담백하거나 단맛이 나는 화이트 와인으로 알코올 도수를 18~20% 정도로 만든 강화 와인이며 애피타이저(appetizer)나 디저트 와인(dessert wine)으로 많이 사용된다.

와인 양조기술은 19세기 후반 프랑스에 필록세라라는 해충의 피해로 포도 재배에 상당한 타격을 입게 되자 보르도 지방의 와인 전문가들이 리오하로 건너와 포도를 재배하고 와인을 제조하면서부터 프랑스의 양조기술을 전수받게 하였다.

특히 리오하는 프랑스 보르도 지방과 가깝게 위치하여 프랑스의 양조법을 모방하여 레드 와인을 주로 생산하며 보르도 와인을 대체할 만한 적당한 산지를 찾던 중 발견한 지역으로 프랑스 보르도 레드 와인만큼 명성이 높다. 온화한 기후로 인하여 이들은 와인을 시원하게 마시는 것을 좋아한다.

스페인의 음식축제 및 맛집

• 토마토 축제

8월 마지막 수요일에 발렌시아 지방의 부뇰에서 열리는 토마토 축제, 60년의 전통, 1940년대 중반, 마을 광장에서 토마토를 던지며 싸움을 한 데서 유래하였으

며, 현재는 약 120톤의 토마토를 거리에 쏟아 놓고 마을 주민과 관광객들이 토마토를 서로에게 던지며 즐기는 축제로 발전되었다.

출처: https://www.tomatofestivalspain.com/

마을 중앙에 기름 바른 기둥을 세우고 기둥 꼭대기에 햄을 달아 놓는다. 누군가 기둥에 기어올라 햄을 따면 축제가 시작되고 서로를 향해 토마토를 던져서 거리는 토마토로 강을 이룬다.

• 라사르떼(Lasarte)

▲ 라사르떼

바르셀로나의 유일한 미슐랭 3 star 레스토랑, 스페인의 유명한 셰프 마틴 베라사테기가 북부 산세바스티안에서 운영. 퓨전 레스토랑

http://www.restaurantlasarte.com/

• 디스프루타르(Disfrutar)

▲ 디스프루타르

바르셀로나의 미슐랭 2 star 레스토랑, 특별히 드레스코드 불필요, 고급스러운 분위기, 2 star이지만 경이로운 요리

http://www.disfrutarbarcelona.com/

스페인의 식사예절

테이블 예절

✓ 스페인의 저녁식사는 9~10시경에 하는 것이 보통인데 초대를 받으면 시간을 맞춰가는 것보다 조금 늦게 가는 것이 예의이다.

✓ 빈손으로 가는 것은 예의에 어긋나므로 와인, 디저트를 선물로 갖고 가는 것이 좋다.

✓ 포크는 왼손, 나이프는 오른손으로 식사 도중에 바꾸어 잡지 않고 음식을 먹을 때 소리내면서 먹지 않도록 한다.

✓ 스페인 사람들은 격식을 중요시하므로 사교행사에 초대받았을 경우는 드레스 코드를 확인하여 의상을 준비한다.

✓ 뜨거운 커피나 차를 마실 때에도 후루룩거리는 소리를 내지 말아야 한다.

✓ 칼이나 포크로 빵을 잘라 먹지 않도록 하고 항상 손으로 먹는다.

✓ 술잔을 건네주지 않도록 하고 상대방 술잔이 비워지기 전에 채우도록 하는데 가득 채우지 않도록 한다.

스페인의 팁은 기분에 따라

✓ 스페인은 다른 유럽 국가들과는 다르게 팁을 10% 정도 주는 게 아니라 손님의 기분에 따라 돈을 준다.

✓ 아직 팁문화가 발달되지 않아 남는 동전으로 조금만 주어도 된다.

✓ 계산 시에는 계산서를 보고 현금이나 신용카드를 지불하고 잔돈을 줄 때까지 기다리면 된다.

주문은 천천히

✓ 방문 시에는 반드시 예약을 하여야 하고 예약을 안 하면 거절되는 경우도 있다.

✓ 스페인 사람들의 특성은 여유로워 식당이나 주점에서 주문을 한 뒤 기다려야 한다.

✓ 여유를 갖고 평소보다 더 늦게 기다린다는 마음을 가지는 것이 좋다. 예를 들어 식당종업원들이 어떤 일을 하고 있을 때는 부르는 것이 실례이고 급하게 주문한다고 해서 먼저 가져다주지도 않고 주문 순서대로 알아서 가져다준다.

Korea·Japan·China·Thailand·Vietnam·India·Turkey
Italy·Spain·France·Germany·United Kingdom
United States of America·Mexico·Brazil

세계의 차, 술, 향신료

part 4

세계의 차, 술, 향신료

1. 세계의 차

1) 차의 어원

茶는 풀과 사람과 나무가 합쳐진 말로 인간과 자연과의 조화로운 생활을 위한 촉매제 역할을 하는 것이다. 茶는 한자어의 '차'로 읽지만 '다'로 발음하여도 무방하다.

차는 열대와 아열대에서 자라는 상록성 관목수 카멜리아 시넨시스(Camellia sinensis)의 잎순과 잎을 가공 처리하여 뜨거운 물을 부어 우려낸 음료를 일컫는다.

차의 명칭은 세계적으로 중국 광둥어에서 유래한 차(cha)와 중국 복건어 발음인 테(te)에서 유래한 티(tea)로 나뉜다. 육로(陸路)로 전해진 한국, 일본, 이란의 차(cha)와 해로(海路)로 전해진 유럽은 영국의 티(tea), 네덜란드의 테에(thee), 프랑스의 테(tte), 이탈리아의 테(te)로 부른다.

2) 차의 역사

차의 역사는 중국, 한국, 일본, 인도, 영국 등 나라마다 다르게 전해지고 있다. 초기에는 약용으로 인식되어 사용되어 왔으나 차츰 기호음료로 자리 잡게 되었다.

동양에서는 차를 통해 몸과 마음을 정화시키는 심신수련과 정행검덕(精行儉德)의 차라 하여 행실이 깨끗하고 검소한 덕을 지닌 사람들이 마시기에 가장 알맞은 것이라 하였으며 차를 마시는 사람이 지켜야 할 겸허한 마음을 소중히 여겨 음다(飮茶)의 법도를 중요하게 여겨 왔다. 서양에서는 차의 효험을 널리 인정하여 영국의 커피하우스 개러웨이스에서는 감기, 두통, 정력 부진, 불면, 무력증, 소화 불량, 식욕 부진, 담석증, 건망증, 괴혈병, 폐렴, 설사, 정신집중 등의 14가지 증상을 포스트로 제작해 광고하기도 했다. 그 이후 점차 상류 계층 가정의 음료로 보급되면서 대중의 음료로 자리 잡게 되었다.

3) 차의 종류와 특징

차의 종류는 어디에서 자라 수확되었으며 어떠한 제조공정을 거쳤는가에 따라 나뉜다. 갓 딴 찻잎으로 차를 제조하는 과정에는 세 가지 방법이 있는데 발효 정도에

따라 불발효차, 반발효차, 발효차 녹차로 분류한다. 불발효차는 찌거나 효소를 불활성하여 발효를 전혀 시키지 않은 것으로 녹차가 대표적이다. 반발효차는 10~60% 정도 적당히 발효시킨 것으로 우롱차가 이에 속하며, 발효차로는 85% 이상 충분히 발효시킨 것으로 홍차가 있다.

차를 만드는 방법은 각 나라의 기후조건과 풍토에 따라 다르게 개발되어 왔다. 중국은 양쯔강 주변 남경에서 차 재배가 시작되었는데 광활한 영토에서 차를 상하지 않도록 하면서 저장성을 높이기 위해서는 반(半)발효시켜야 했다. 중국이나 인도에서 서양까지 먼 거리를 운반하는 데는 비교적 오랜 시간의 저장이 가능한 홍차가 적합하여 영국을 비롯한 서양에서는 홍차 문화가 자리 잡게 되었다.

(1) 녹차

녹차를 처음 사용한 중국과 인도를 중심으로 지금은 일본, 대만 등에서 생산되며 차나무의 잎을 원료로 하여 4월에서 6월까지 새로 나온 연한 잎을 채취하여 김쐬기(Steaming) 과정을 통해 발효작용을 하는 효수를 파괴시킨 후 열처리한다. 다음은 덖거나 찌는 단계를 여러 번 반복한 후 잎을 서서히 말려준다. 마지막 단계에서 잎의 크기나 모양, 나이에 따라 등급을 매긴다.

녹차 제조과정 ● ● ● ● ●

잎 채취 → 덖음(익힘과정) → 유념(비비는 과정)→ 건조(말리는 과정) → 열처리(완전 건조)→포장

차도구

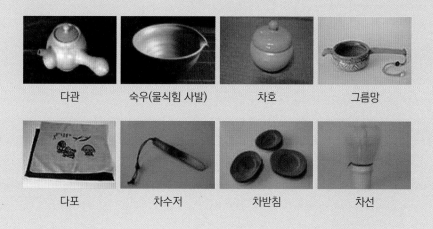

| 다관 | 숙우(물식힘 사발) | 차호 | 그름망 |
| 다포 | 차수저 | 차받침 | 차선 |

(2) 우롱차

우롱차는 중국과 대만에서 생산되며 중국 고유의 반발효차이다. 차의 발효란 찻잎에 있는 효소가 공기와 접촉하여 차성분을 산화시킴으로써 맛과 향기 성분이 변화되는 과정을 말한다. 우롱차는 발효의 정도가 20~65% 사이의 차로 녹차와 홍차의 중간 정도로 발효시켜 맛이 풍부하며 녹차와 홍차의 속성을 동시에 가지고 있다. 우롱차는 녹차처럼 찻잎의 크기나 외관이 아닌 찻잎의 품질에 따라 등급이 매겨진다. 한 해에 여러 번 수확 가능하기 때문에 수확시기나 제조방법에 따라 우롱차의 품질과 가격이 결정된다. 우롱차의 '우롱(烏龍)'은 차의 빛깔이 까마귀같이 검고 모양이 용과 같다고 하여 붙여진 이름이다.

(3) 홍차

홍차는 완전 발효차로 찻잎이 검은색을 띠어 블랙 티(Black Tea)로 불린다. 홍차는 자연 그대로의 맛보다는 발효과정에서 생긴 새로운 향미성분으로 특유의 향기와 부드러운 맛을 가지고 있다. 차가 유럽에 전달된 것은 16세기로 네덜란드의 동인도회사에 의해 유럽 각국으로 퍼져갔다. 홍차는 서양의 상인들이 중국에서 녹차를 들여올 때 오랜 시간 여행 중에 녹차가 자연 발효되어 그 맛과 향이 불발효차인 녹차와는 색다른 맛을 느끼게 하여 유럽인들이 즐기게 되었다고 한다.

홍차의 등급은 원산지나 생산자, 가미된 향 등에 따라 분류되는데 일반적으로 줄기 끝에서 난 어린 잎일수록 향과 맛이 뛰어난 고급차가 된다.

홍차의 종류 ● ● ● ● ●

Straight tea
특정한 한 곳에서 재배되고 생산된 찻잎으로 제조한 것이다. 원산지에 따라 차의 이름이 결정된다. 다질링, 우바, 기문을 세계 3대 홍차라 한다.

Darjeeling(다즐링)
인도의 유명한 차로 인도 북동부의 히말라야 지역 해발 1,200m 부근의 다즐링 지역에서 주로 생산된다. 이 지역은 밤낮의 기온차가 심하고 안개가 짙은 날씨가 많은 탓으로 찻잎이 진한 오렌지 빛깔을 띠며 상쾌하면서도 깊은 맛을 내는 것으로 유명하다. 이곳의 차를 특히 '차의 샴페인'이라고도 한다.

Uva(우바)
스리랑카 중부의 센트럴 마운틴 동쪽 기슭에서 생산되는 차로 옅은 갈색으로 신맛이 나는 것이 특징이다.

祁門(기문)
중국의 안휘성 기문지역에서 생산되는 차이다. 이 차는 진한 갈색을 띠며 스모키 향이 난다. 이곳의 차를 특히 '차의 버건디'라고 부른다.

Blended tea
여러 산지의 찻잎을 혼합하여 만든 차이다.

Flavored tea
재료를 가미하여 만든 것이다. 주로 꽃이나 과일, 향신료의 향을 가미한다. 망고티, 레몬티, 로즈티 등으로 다양하다.

4) 세계의 차문화

(1) 한국의 차

우리나라에 차가 소개된 시기는 삼국시대로 거슬러 올라간다. 삼국사기에 "신라

흥덕왕 3년(828년) 12월 당나라에 사신으로 갔던 김태렴이 차씨를 갖고 돌아왔는데, 왕이 지리산에 심게 했다."고 서술하고 있다. 한편 신랑 화랑들이 차를 마신 흔적과 "차는 선덕여왕(632~647) 때부터 있었으나 이때에 이르러 성행하게 되었다."는 기록 등을 미루어보면 우리 선조들은 차나무가 전래되기 전에 이미 차를 마셨을 것으로 짐작한다.

차는 찬란한 불교문화를 꽃 피운 신라가 음다 풍습이 성행하던 당나라와 교류를 하면서 본격적으로 즐기기 시작하였으며 고려시대에 불교문화와 더불어 차생활은 더욱 발전하게 되었다.

예부터 우리 선조들은 멋과 풍류와 철학을 담아 정신세계를 고양하기 위한 차 생활을 통해 차의 담백함과 감칠맛을 즐겼다. 차를 마실 때 소박하고 친밀한 생활 철학을 담은 다도문화를 계승하고 있다.

우리나라는 경남, 전남, 제주 등 비교적 따뜻하고 안개가 많고 습도가 높은 지역을 중심으로 차나무의 재배가 왕성하며 차나무 외의 다른 식물의 꽃, 줄기, 혹은 허브 등 다양한 종류로 율무차, 쌍화차, 인심차, 생강차, 오미자차, 모과차 등의 음료도 관습적으로 '차'라 부르고 애음해 왔다.

차는 4월에서 6월에 걸쳐 연한 잎을 채취하여 덖거나 찌거나 발효시켜 끓인 물에 우려내어 마셨으며 차를 맛있게 끓이기 위해서는 물의 수질, 물의 온도, 잎차의 상태, 우려내는 시간, 차의 그릇 등이 좌우한다. 또한 차의 영양학적 효능도 다양하고 비타민 C의 함량이 풍부하며 단백질, 회분 등이 함유되어 있으며 그중에서도 카페인과 타닌(폴리페놀성분)의 양에 따라 맛과 색이 좌우된다. 카페인은 중추신경계를 자극하여 신경을 흥분시키고 혈액순환을 도와주며 뇌의 각성효과와 피로회복에 도움이 된다고 알려져 있다. 어린 녹차의 잎에는 성숙된 녹차의 잎보다 폴리페놀의 함량이 풍부하다. 이 성분은 강력한 항산화 작용을 하고 암과 심혈관계 질환을 예방하는 효과가 있는 것으로 알려져 있다.

녹차는 4월에서 6월에 걸쳐 연한 잎을 채취하여 덖거나 찌거나 발효시켜 끓인 물에 우려내어 마셨다. 차는 물의 수질, 물의 온도, 잎차의 상태, 우려내는 시간, 차의 그릇, 카페인과 타닌(폴리페놀 성분)의 양 등에 따라 맛과 색이 좌우된다.

차에는 카페인, 타닌, 비타민 C, 단백질, 회분, 색소, 효소 등이 함유되어 있다. 그중에서도 차의 주성분인 카페인은 중추신경계를 자극하여 신경을 흥분시키고 혈액순환을 도와주며 뇌의 각성효과와 피로회복에 도움이 된다고 알려져 있다. 폴리페놀은 강력한 항산제로 암과 심혈관계 질환을 예방하는 효과가 있는 것으로 알려져 있으며 어린 녹차의 잎에는 성숙된 녹차의 잎보다 폴리페놀의 함량이 풍부하다.

(2) 일본의 차

차 재배가 정확히 언제부터 시작되었는지의 기록이 현재 남아 있진 않지만 일본에서는 달마대사가 수행 중 졸음을 속죄하는 행위에서 자신의 눈꺼풀을 땅에 묻어 생겨난 나무에서부터 출발했다고 전해지고 있다. 일본의 차문화는 불교의식에 사용되었고, 차를 즐겨 마시는 것이 생활화되어 있다. 일본인의 차 생활은 형식을 중시하며 행다 자체를 위한 의식에 치중한다. 의식에는 주로 말차(분말차)를 사용하는데 이는 다기에 대나무 솔로 저어 거품낸 선명한 녹색의 음료이다.

일본 다도의 차정신은 매우 엄격하면서도 현혹적이고 화려하다. 타국의 문화를 수용하여 자국의 토착문화와 융합시켜 새롭고 독창적인 일본문화를 만드는 데 탁월한 일본의 기질을 차문화에서도 엿볼 수 있다. 일본 전통의 다다미방과 차를 결합시킨 다실이 그 예이다.

(3) 중국의 차

중국의 음다 풍습은 일찍부터 대중들에게 자리 잡았고 처음 차를 접한 문헌을 보면 당나라의 육우가 저술한 과학서인 〈다경(760년)〉에 "차를 마시는 것은 신농씨에 의해 발견되었다"는 기록에서 출발한다. 신농은 중국의 농·의·약을 정립한 전설적인 황제로 백성들의 건강과 풍년을 위해 몸소 산천을 돌아다니면서 초목을 관찰하고 직접 식용해 봄으로써 약인지 독인지를 실험하였다. 어느 날 신농이 100가지 풀을 먹고 72가지 독초에 중독되어 큰 나무에 앉아 휴식하던 중 잠깐 잠든 사이 바람에 의해 떨어진 나뭇잎이 신농의 물잔에 떨어진다. 한참 후 깨어난 신농은 자신의 물잔에 든 음료를 마시고 몸의 변화를 느끼게 된다. 맛은 떫으며 향기가 있고 정신이 맑아지는 것을 보고 신이 내린 풀이라 하여 차나무라 명명하고 널리 백성들이 음용할 수 있게 알렸다고 전해진다.

특히 차는 명나라 때부터 기름진 식사와 나쁜 수질 때문에 일상생활의 주된 음료로 현재까지 이어지고 있다. 중국의 차는 널리 대중화되어 있으며 친교 시 어디서나 편하게 마실 수 있는 실용성에 중점을 두고 있다.

차의 종류도 매우 다양하여 꽃차나 발효차도 널리 애음하고 있다. 특히 차의 향을 중요하게 여겨 '향성민족'이라고도 일컫는다.

중국의 다도는 불교와 도교와 유교적 요소가 잘 융합되어 근엄하고 엄격한 씨앗의 개념에 의미를 두고 근원적인 정신세계를 추구한다.

엽차(葉茶)

주로 찻잎을 우려낸 차로, 찻잎의 발효 정도에 따라 발효되지 않은 불발효차와 어느 정도 발효시킨 반발효차, 거의 모두 완전 발효시킨 발효차, 전처리 후 발효시킨 후발효차의 4가지가 있다.

화차(花茶)

꽃을 이용하여 만든 차로, 꽃의 종류에 따라 국화, 재스민, 해당화 등 다양하다. 중국에서는 당나라 때부터 만들어졌으며 재스민 차가 제일 많다. 꽃과 한방약재를 혼합하여 독특한 향이 나게 만든 삼보차(三寶茶)나 건신차(健身茶)도 이용된다.

약차(藥茶)

약이 되는 재료를 이용한 차로 생강, 덖은 쌀, 보리, 나리의 뿌리 등 그 재료가 다양하다. 중국에서는 음식의 궁합을 강조하여 몸을 차게 하는 성질을 진 게요리를 먹은 뒤 생강차를 먹으면 몸을 데워 균형을 잃지 않게 해준다고 믿는다.

(4) 영국의 차

영국의 차는 17세기에 런던의 커피하우스 탄생과 더불어 급속도로 발전하여 19세기 빅토리아 시대에 차문화가 최고조로 번성하게 되었다.

1652년 토마스 트와이닝의 '톰의 커피하우스'를 시작으로 한 커피하우스는 그 후 런던에만 수백 개에 이르게 되었다. 커피하우스는 주로 남성의 귀족, 법조인, 시인, 작가, 해외 부역에 종사하는 상인들이 모여 커피

나 차를 마시면서 논의하고 환담하던 정보교환이나 사교장소로 신사들의 클럽 또는 남성들의 문화 창조공간으로 불리었다. 17세기 후반에서 18세기 전반까지 최고의 전성기를 누렸었으며 커피하우스는 영국의 지적 생산력 발전에 지대한 영향을 주었다고 할 수 있다.

그러나 커피와 커피하우스는 사회적인 비판과 부정적인 견해로 서서히 쇠퇴되기 시작하였으며 특히 여성들의 친교와 문화의 장인 '티 가든'의 탄생, 비가 자주 오는 습한 날씨, 석회질이 많은 수질은 영국인들이 커피보다는 차를 더 선호한 이유이고 차문화 발전의 계기가 되었다.

영국인들이 가장 흔히 마시는 차는 홍차에 우유를 넣은 부드러운 밀크티(milk tea)가 있으며 일부 상류층에서는 우유를 넣지 않은 홍차를 은쟁반의 도자기 잔에 우아하게 마심으로써 상위계급의 우월성을 과시하기도 한다.

영국의 티타임 알아보기 ● ● ● ● ●

영국인들은 아침에 일어나 잠자기 전까지 차를 마신다. 식사 시에도 식탁에서 수프 대신 차를 마시기도 한다.

▶ **Early tea; Bed tea** 아침에 눈 뜨자마자 마시는 홍차

▶ **Breakfast tea** 아침 식사 때 마시는 밀크티

▶ **Elevenses tea** 점심식사 전 잠시 휴식 때 간단히 마시는 차

▶ **Middy tea break** 오후에 간식으로 마시는 차

▶ **Afternoon tea** 오후 3~4시경 사교를 목적으로 마시는 차. 비스킷, 케이크 등도 곁들임

▶ **High tea, meat tea** 오후 6시경에 간단한 식사와 마시는 차

▶ **after dinner tea** 저녁식사 후 느긋하게 마시는 차

▶ **night tea** 잠자리 들기 전에 마시는 차

2. 세계의 술

어떤 술을 주로 소비하는가에 따라 그 문화권을 구분하여 보면 프랑스, 이탈리아, 스페인 등 남부 유럽을 중심으로 하는 와인소비 문화권, 독일, 체코, 미국을 중심으로 하는 맥주소비 문화권, 러시아, 스칸디나비아 등을 중심으로 하는 북유럽의 위스키소비 문화권으로 분류할 수 있다.

1) 맥주

(1) 맥주의 기원

맥주는 보리를 싹틔워 만든 대맥아(麥芽)로 맥아즙을 만들고 여과한 후 홉(hop)과 물을 첨가하여 맥주 효모균으로 발효시켜 만든 알코올 음료로, 라틴어의 '비베레(Bibere, 마시다) 또는 게르만족의 언어 중 '곡물'을 뜻하는 '비오레(Bior)'가 그 어원이라고도 한다.

맥주가 언제 처음 만들어졌는지는 정확하지 않지만 기원전 4000년경부터 근동지역을 중심으로 널리 전해졌을 것으로 보며 최초의 문자를 만든 수메르인들이 처음으로 마셨을 것으로 추측한다. 고대 메소포타미아 부근에서 발견된 상형문자에 커다란 도자기에 든 맥주를 갈대 빨대로 마시는 두 사람의 모습이 그려져 있다. 이처럼 고대 맥주에는 곡식낱알이나 겨 또는 부유물이 많아 빨대를 이용해 마셨다고 한다.

인류의 정착생활과 농경이 시작되면서 우연히 발견된 맥주는 인류의 문명과 함께 시작되었으며 고대 수메르인과 이집트인들은 맥주를 종교의식과 풍작을 기원하는 의식, 장례식 등에도 사용하였다.

고대도시에서 시작된 맥주는 로마의 수도원에 전해져 발전하기 시작하였다. 맥주는 와인의 생산이 부족한 독일, 덴마크, 영국을 중심으로 발전하여 오늘날 전 세계적으로 전파되었다.

▲ 메소포타미아의 테페가라(Tepe Gawra)에서 발견된 인장의 상형그림

(2) 맥주의 분류

맥주는 발효법에 의한 분류, 양조법에 의한 분류, 살균 여부에 의한 분류, 알코올 함량에 의한 분류방식이 있다.

① 발효법에 의한 분류

▶ 하면발효 맥주(bottom fermentation beer)

하면발효란 7~15도의 낮은 온도에서 7~12일 동안 발효 도중 사카로마이세스 카를스베르겐시스(saccharomyces carlsbergensis)라는 효모가 밑에 가라앉은 맥주를 말한다. 알코올 도수가 5~10% 이내이며 부드러운 맛과 향기를 가지는 특징이 있다. 오늘날 독일을 비롯한 미국, 한국 등 전 세계 유명 맥주들이 이 양식을 채택하고 있으며 그 종류는 다음과 같다.

– 뮌헨 맥주(Munich beer)

맥아 향기가 짙고 부드러운 흑맥주이다.

– 필센 맥주(Pilsen beer)

엿기름의 향이 약하고 맛이 담백하며 옅은 황금색으로 전 세계에서 생산되는 맥주는 체코에서 개발된 필센 맥주이다.

▶ 상면발효 맥주(top fermentation beer)

상면발효 맥주의 고향은 영국으로 하면발효 맥주와 달리 실온 이상의 온도에서 발효시키는 전통적인 방법으로 18~25도에서 2주 동안 상면으로 떠오르는 사카로마이세스 세레비지에(saccharomyces cerevisiae)라는 효모로 발효시켜 숙성시켜 만든 것으로 알코올 함량이 높고 색깔이 진하다. 흑맥주가 여기에 해당된다. 상면발효 맥주의 종류는 다음과 같다.

– 에일(Ale)맥주

홉을 넣지 않은 술을 에일(ale)맥주라고 불렀는데 오늘날 에일맥주는 홉과의 접촉 시간을 길게 하여 쓴맛을 내고 강한 맛을 낸다.

– 포터(Porter)맥주

스카우트 맥주와 같이 홉을 많이 첨가하여 색이 검은색이고 단맛이 있는 영국의 맥주이다.

– 스타우트(Stout)맥주

상면발효 맥주로서 검은색의 맥아를 사용하기 때문에 색이 검고 알코올 도수도 8% 정도로 높으며 거품이 있는 흑맥주이다.

② 양조법에 의한 분류

양조법에 의한 분류로는 드라이 맥주(dry beer), 디허스크 맥주(dehusk beer), 아이스 맥주(ice beer)가 있다.

▶ 드라이 맥주(dry beer)

드라이 맥주는 일반맥주와 달리 당분을 분해하는 능력을 가진 효모를 사용하여 맥주에 남아 있는 당을 최소화한 맥주이다. 맛은 담백하면서 단맛이 적다.

▶ 디허스크 맥주(dehusk beer)

맥아의 껍질을 한번 더 제거하는 공정을 거친 맥주로 맥아 껍질에 있는 쓴맛을 제거하여 깨끗한 맛을 나타낸다.

▶ 아이스 맥주(ice beer)

아이스 맥주는 영하 3~5도에서 3일 정도를 더 숙성시켜서 맥주의 맛을 거칠게 하는 여러 가지 성분을 얼음과 함께 제거하여 순수한 맛을 나타낸다.

③ 살균여부에 의한 분류

일반적으로 보통 마시는 병맥주는 장기간 보관을 위하여 살균 처리하여 병입된 것으로 효모의 발효작용이 없다. 반면에 생맥주는 열처리를 하지 않아 효모가 살아 있어 맥주 고유의 맛이 나며 살균처리하지 않아 장기보관이 힘들며 저온에서 보관하여야 한다.

(3) 세계의 맥주

세계에서 가장 많은 맥주회사가 있는 맥주 왕국으로 원조는 독일이다. 독일에서는 지형적으로 식수가 부족하여 맥주를 대체음료로 많이 마시며 술잔을 돌리거나 권하지 않고 천천히 대화를 나누면서 마시는 맥주문화가 발달하였다.

독일에서는 과거 빌헬름 4세가 맥주에 홉, 물, 보리 이외에 방부제와 같은 어떤 화학첨가제를 넣지 못하도록 법으로 정하였으며 오늘날까지 그 순수성을 잘 지키고 있는 것이 특징이며 맥주를 만드는 양조장은 각 지방마다 독특한 문화를 형성하고 있다. 남부 뮌헨의 빛깔이 검고 알코올 도수가 높은 둥켈스(Dunkels)와 북부 도르트문트의 필스너(Pilsner)가 대표적인 맥주이다.

독일을 제외한 나라의 맥주로는 상쾌하고 부드러운 맛과 향을 지닌 미국의 버드와이즈, 맥아를 원두처럼 볶은 검은색의 크림 같은 거품이 매력적인 영국의 기네스 스타우트, 강한 쓴맛을 지닌 덴마크의 칼스버그(Carlsberg), 부드러운 네덜란드의 하이네켄(Heineken), 레몬을 섞어 마시는 멕시코의 코로나(Corona)가 세계적으로 유명하다.

▲ 옥토버페스트: 뮌헨의 맥주축제이며, '10월의 축제'라는 뜻

2) 와인

(1) 와인의 역사

와인이 어디에서 유래되었는지 정확히 알 수는 없지만 포도나무 열매 과즙에 효모를 넣어 발효시킨 양조주이다. 기원전 4천 년 전 메소포타미아 유역 인류문명의 기원지인 그루지아(Georgia)에서 농부들이 오래전부터 항아리에 포도를 담은 뒤 오랫동안 땅에 묻어 발효시킨 것에서 유래된 것으로 보인다.

고대 그리스인은 와인을 최초로 양조하지는 않았지만 지중해 연안의 온화한 날씨로 일찍부터 포도나무를 경작하기 시작하여 상업적인 목적으로 식민지 나라에 포도나무를 보급하였다. 대표적 예로 이베리아 반도에는 BC 600년경 포도나무를 옮겨 심었고, 이탈리아 남부지역, 이베리아 반도, 페르시아 등지에 와인의 양조기술을 전파하였다. 이후 그리스의 양조기술을 전파받은 로마인들은 그들의 황금시대인 AD 150년경 유럽의 전역, 영국의 일부 지역, 지중해 연안지역 등을 지배하면서 자연스럽게 와인을 전파하였다.

로마인들은 와인 애호가로서 와인을 많이 소비하였고 특히 원정 시에도 와인을 로마로부터 조달하여 마셨으나 정복에 성공한 후 속국의 나무를 베어내고 포도나무를 심어서 군사적으로 적군의 은폐를 막는 전략적 방안으로 이용하였으며 그 지역에 포도나무를 전파하고 지역민들에게 포도나무 재배와 와인 양조를 시켜 식민지 지배를 평화적으로 이끌어낼 수 있었다.

한편 포도나무 재배의 다른 이유는 식민지 지역의 식수를 로마인들이 사용하기에는 배탈 등 위생상의 문제가 있었기 때문에 와인을 식수로 이용하고자 포도를 재배하였다. 식민지 국가 대부분이 유럽에 위치한 나라이고 지중해성 기후이며 포도의 재배에 적합한 자연환경을 지니고 있었기 때문에 포도 재배를 확대시켜 나갈 수 있었다.

오늘날 프랑스의 보르도 지역, 론 지역, 독일의 나일강 주변 지역 등의 와인양조는 로마인으로부터 계승된 것이다.

이후 로마제국의 몰락과 게르만 민족의 대이동, 바이킹의 침략으로 영국, 프랑스 지역을 중심으로 포도밭을 거의 황폐화시켰고 로마제국이 누렸던 포도 재배와 와인 양조 권한이 중세시대의 가장 강력한 사회적 주체인 수도원을 중심으로 재편되었다.

교회는 와인의 생산 주체로서 교회제사에 필요한 와인을 생산하였고 포도나무의 재배 및 양조 전반에 걸친 경영권을 행사하게 되었다.

그 이후 1799년 유럽은 프랑스 대혁명으로 와인산업에 새로운 변화를 맞이하게 되었다. 그동안의 부르주아 계층의 몰락과 시민계층의 탄생으로 교회가 소유했던 포도밭을 영세 소유주에게 나누어주게 되었다.

한편 1860년대 와인의 역사상 가장 참혹한 재앙이 일어났는데 미국의 포도나무가 프랑스에 도입되는 과정에서 필록세라(phylloxera)라는 곤충이 프랑스 보르도 지역을 기점으로 이탈리아, 영국, 독일, 스페인 등 유럽 전역의 포도밭을 거의 20년 동안 황폐화시켰고 오스트레일리아, 뉴질랜드까지 퍼져나갔으나 1880년대 미국산 포도나무에 유럽종을 접목하는 방법으로 문제를 해결하였다.

그 이후 교통수단의 발달과 활발한 교역으로 프랑스는 1935년에 A.O.C.(Appellation d'Origine Controlee)라는 경작 가능한 포도나무에 관한 법률을 제정함으써 품질을 높이고 잡종을 방지하려는 법률을 제정하였고 세계 각국은 와인이 고품질을 가지도록 엄격한 품질관리와 규제를 두었다.

현재 유럽을 중심으로 하는 전통적인 구세계 와인(프랑스, 이탈리아, 스페인, 포르투갈, 독일 등)과 신세계 와인(미국, 칠레, 오스트레일리아, 남아공 등)이 주축이 되어 와인을 생산하고 있다.

(2) 와인의 분류

와인은 포도액을 발효시켜 만든 과실주로 품종, 생산지, 생산회사, 생산연도, 등급 등에 따라 와인 종류가 셀 수 없이 많다. 와인의 일반적인 분류방법은 색깔, 식사 시의 용도, 단맛의 정도, 제조방법에 따라 나눌 수 있다.

① 색깔에 따른 분류

▶ 레드 와인(red wine)

적포도로 만드는 레드 와인은 적갈색, 자주색의 와인으로 씨와 껍질을 함께 넣어 발효하므로 타닌(tannin)성분이 추출되므로 떫은맛이 난다. 알코올농도는 12~14% 이며 상온에서 제맛이 난다.

▶ 화이트 와인(white wine)

잘 익은 청포도에서 포도껍질과 씨를 제거한 후 발효시켜 만든 와인으로 타닌(tannin)성분이 적어 떫은맛이 덜하며 황금색, 엷은 노란색, 연초록색을 나타낸다.

화이트 와인은 반드시 10도 정도로 차게 해서 마셔야 하며 알코올농도는 10~13% 정도로 레드 와인보다 낮다.

▶ 로제 와인(rose wine)

분홍색이나 엷은 붉은색을 나타내는 로제와인은 화이트 와인과 레드 와인의 중간쯤의 색상을 나타낸다.

② 식사 시 용도에 따른 분류

▶ 아페리티프 와인(aperitif, 식전용 와인)

식사하기 전 입맛을 돋우기 위해 마시는 와인으로 화이트 와인이나 스파클링 와인, 스페인의 셰리 등이 적합하다.

▶ 테이블 와인(table wine, 식사 중 와인)

테이블 와인은 14% 미만의 알코올 도수를 가진 모든 와인을 총칭하는데 보통 와인이라고 하면 테이블 와인을 말한다. 식사 도중에 주요리와 함께 마시는 와인을 말한다.

▶ 디저트 와인(dessert wine, 식후용 와인)

식사 후 입맛을 개운하게 하기 위한 목적으로 알코올도수가 14% 이상으로 약간 높게 마신다. 단맛이 강한 포르투갈의 포트나 스위트 와인을 마신다.

③ 단맛에 따른 분류

▶ 드라이 와인(dry wine)

단맛이 전혀 없는 와인을 드라이 와인이라고 하며 일반적으로 레드 와인이 드라이(dry)한 맛을 낸다. 프랑스의 보르도와 부르고뉴의 레드 와인이 주로 드라이하다.

▶ 스위트 와인(sweet wine)

단맛이 강한 와인으로 보통 화이트 와인이 많다. 독일과 캐나다의 아이스 와인이 대표적인 스위트 와인이다.

④ 제조방법에 따른 분류

▶ 주정강화 와인(fortified wine)

와인의 양조과정 중에 브랜디를 첨가하여 알코올도수를 높인 와인으로 포트, 꼬냑(cognac), 셰리 등이 있다.

▶ 스파클링 와인(sparkling wine)

스파클링 와인은 발포성 와인이라고 한다. 발효가 끝난 후 설탕을 추가하여 인위적으로 발효가 계속 일어나도록 만든 와인으로 프랑스 샹파뉴 지방의 샴페인이 대표적인 상품이다.

⑤ 무게감(바디감)에 따른 분류

▶ 라이트 바디 와인(light body wine)

와인의 맛이 입안에서 전반적으로 가볍고 편안하게 느껴지는 와인을 말한다.

▶ 풀 바디 와인(full body wine)

와인의 맛이 진하고 강하게 느껴지며 입안에 가득한 느낌을 주는 와인을 말한다.

▶ 미디엄 바디 와인(medium body wine)

라이트(light)와 풀 바디(full body) 와인 중간의 느낌을 주는 와인이다.

(3) 와인과 음식과의 조화

와인과 음식은 밀접한 관계가 있다. 와인은 식사 시 음식의 맛을 향상시키고 식욕을 북돋워주는 역할을 한다.

일반적으로 레드 와인은 육류요리와 잘 어울리고 생선요리나 가금류는 화이트 와인이 잘 어울린다. 우리나라의 철판구이, 등심, 로스구이, 삼겹살 등은 드라이한 레드 와인이 잘 어울리고 채소는 상큼한 맛의 화이트 와인, 생선회는 단맛의 화이트 와인이 잘 어울린다.

3) 증류주(distilled liquor)

증류주는 발효과정을 거쳐 만든 양조주를 가열하면 알코올이 먼저 증발하는데 이

기체를 모아 냉각시켜 만든 술로 알코올 성분을 많이 함유하게 되는데 위스키, 꼬냑, 브랜디, 보드카, 떼낄라 등이 있다.

(1) 위스키

곡류가 많은 지방에서는 곡류를 이용하여 증류주를 만들었는데 보리, 밀, 옥수수 등을 원료로 하여 발효시킨 술을 다시 증류시킨 다음 나무통에 넣어서 오랜 기간 동안 숙성시킨 술을 말한다.

위스키는 원료와 증류법, 숙성방법에 따라 독특한 맛과 향의 차이가 나며 수많은 종류가 있다.

위스키는 오늘날 수많은 나라에서 생산되고 있으나 대표적인 생산지에 따른 분류에 의하면 스코틀랜드의 스카치 위스키, 아일랜드의 아이리쉬 위스키, 미국의 아메리칸 위스키, 캐나다의 캐나디언 위스키 등으로 나눌 수 있다.

① 스카치 위스키

스카치 위스키는 스코틀랜드에서 증류된 위스키로 술의 원료인 맥아를 건조시킬 때 사용되는 피트(peat)향과 오크통 속에서 오랜 기간 동안 숙성시켜 호박색의 짙은 향을 지닌 증류주이다.

위스키의 제조기술은 세계로 전파되고 각 지방의 독특한 자연환경과 조화되어 다양한 위스키를 낳게 되었다.

세계적으로 많은 사랑을 받는 위스키는 스카치 위스키로 만드는 방법에 따라 몰트 위스키(molt whisky), 그레인 위스키(grain whisky), 블렌디드 위스키(blended whisky)로 나누어진다.

몰트 위스키는 피트탄 냄새가 나는 맥아만을 원료로 하여 단식 증류기로 2회 증류시킨 후 오크통에 장시간 숙성시키는데 피트향의 독특한 맛이 난다.

그레인 위스키는 옥수수를 주원료로 하고 맥아를 일부 넣어 발효시킨 후 연속식 증류기로 제조한 위스키로 피트향이 없고 부드러운 맛이 특징이다.

블렌디드 위스키는 몰트 위스키와 그레인 위스키를 적당한 비율로 혼합한 위스키를 말하는데 일반적으로 마시는 대부분의 것은 블렌디드 위스키이다.

대표적인 스카치 위스키의 종류에는 조니워커(johnnie walker), 발렌타인(ballentine), 시바스 리갈(chivas regal), 딤플(dimple) 등이 있다.

② 아이리쉬 위스키(Irish whisky)

아일랜드에서 제조된 위스키로 맥아를 건조시키기 위해 피트탄을 사용하지 않고 노 속에 밀폐되어 석탄을 사용하기 때문에 향이 없는 것이 특징이다. 단식 증류기에 3회 증류하여 맛이 부드럽다.

아이리쉬 위스키의 종류로는 제임슨(jameson), 올드부시밀(old bushmils) 등이 있다.

③ 아메리칸 위스키(American whisky)

미국에서 생산된 위스키로 곡류를 발효시켜 양조주로 만든 다음 증류시켜 알코올 도수 95% 이하의 알코올농도로 만들고 오크통에 2년 이상 숙성시켜 알코올농도 40% 이상으로 병입한 것을 말한다.

미국 위스키의 종류로는 버번 위스키, 테네시 위스키, 콘 위스키가 있다.

④ 캐나디언 위스키(Canadian whisky)

호밀을 주원료로 한 라이 위스키(ryc whisky)와 옥수수를 주원료로 한 콘 위스키(corn whiskey)를 블렌딩(blending)하여 연속 증류한 부드럽고 라이트한 맛의 위스키이다. 숙성은 4년 이상 하여야 하며 스트레이트 위스키(Straight Whisky)는 법으로 금지하고 있다.

캐나디언 위스키의 종류로는 캐나디언 클럽(Canadian club), 블랙벨벳(black velvet), 크라운 로얄(crown royal) 등이 있다.

▲ 위스키

(2) 브랜디

브랜디는 포도를 비롯한 과실류를 원료로 하여 발효시킨 후 증류시킨 알코올성분이 높은 술을 총칭한다. 일반적으로 브랜디는 포도를 원료로 증류한 술을 의미한다.

브랜디의 종류로는 꼬냑(cognac), 아르마냑(armagnac) 등이 있다.

꼬냑은 프랑스의 지명으로 이 지역에서 생산되는 브랜디를 말한다. 꼬냑 지방의 포도는 산도가 높고 당분이 낮아 좋은 와인을 만들 수 없었다. 그러나 1630년경 네덜란드인이 와인을 증류시켜 술을 만들었는데 꼬냑 브랜디의 시초가 되었다. 꼬냑의 등급구분은 숙성기간에 따라 보통 쓰리스타(5년), VSOP(very superior old pale) 10년, Napoleon(나폴레옹) 15년, XO(extra old) 20년 이상으로 분류할 수 있다. 꼬냑의 유명상표로는 헤네시(hennessy), 까뮈(camus) 등이 있다.

아르마냑은 프랑스의 가스코뉴 지방에서 생산된 와인을 증류한 브랜디를 말하며 꼬냑은 단식 증류기로 2번 증류하는데 아르마냑은 비연속식 증류기에서 한번만 증류하는 차이가 있고 꼬냑보다 신선하고 살구 향과 비슷한 특유의 향을 지니고 있다.

아르마냑의 유명상표로는 샤보(chabot), 자뉴(janneau) 등이 있다. 샤보는 샤보 지역의 한 해군 제독이 항해기간 동안에 와인이 잘 변질되는 것을 고민하다 우연히 증류한 독한 술이 항해 중에도 맛이 변하지 않고 더 좋아진다는 사실을 알게 된 뒤부터 와인을 증류하기 시작하였고 이를 계기로 아르마냑 지방의 샤보에서 생산되는 모든 와인을 증류시켰는데 이것이 아르마냑 샤보브랜디의 기원이다.

(3) 진(gin)

곡류를 원료로 하여 발효한 양조주에 소나무 향과 비슷한 두송나무(杜松實)의 열매(주니퍼베리, Juniper berry)를 첨가하여 재증류한 술이다. 진은 위스키와 달리 숙성기간을 거치지 않기 때문에 무색투명하며 향료의 첨가로 향긋하며 주로 칵테일의 제조에 이용된다.

(4) 보드카

밀, 호밀, 보리 등의 곡류와 감자를 원료로 하여 발효시킨 후 자작나무 숯으로 여과하여 무색으로 냄새가 거의 없으며 러시아인이 애용하고 있다.

알코올도수는 45~50% 정도로 도수가 높으나 가격이 비싸지 않으며 맛이 부드럽고 다른 재료와도 잘 혼합되어 칵테일의 원료로 널리 애용되고 있다.

(5) 칵테일(cocktail)

여러 종류의 양주를 기주(base)로 하여 탄산음료, 크림, 주스, 달걀, 리큐르와 같은 고미제(苦味劑), 설탕, 향료를 섞어 만든 술이다. 개인의 기호와 취향을 고려하여 몇 가지 이상의 재료를 섞음으로써 특유의 향과 빛깔을 내어 술의 예술품이라고 할 수 있으며 단맛, 신맛, 쓴맛, 짠맛 등의 다양한 맛을 낼 수 있다.

칵테일의 기주로는 발포주, 청주, 위스키, 브랜디, 보드카, 럼, 소주 등이 있으나 위스키와 브랜디가 가장 많이 사용된다.

칵테일은 마시는 장소와 용도에 따라 다양하게 분류될 수 있다.

① 용도에 따른 분류

▶ **애피타이저 칵테일(appertizer cocktail)**
애피타이저용 칵테일은 입맛을 돋우기 위해 한두 잔 마시는 술이다. 단맛이 없는 드라이한 맛을 지니는데 단맛용으로 체리를 사용하고 쓴맛을 내기 위해서는 올리브를 사용한다. 일반적으로 잘 알려진 마티니, 진토닉 등이 해당된다.

▶ 크랩 칵테일(crab cocktail)

정찬 시의 오르되브르(Hors d'oeuvre) 대신 먹는 칵테일로 어패류와 채소에 칵테일 소스를 얹은 술이다.

▶ 비포 디너 칵테일(before dinner cocktail)

식사 전의 칵테일로서 상쾌한 맛을 낸다.

▶ 애프터 디너 칵테일(after dinner cocktail)

식후의 칵테일로서 음식물의 소화를 촉진시키기 위해 리큐르 종류를 사용하며 보통 단맛이 난다.

▶ 서퍼 칵테일(supper cocktail)

만찬 때 마시는 드라이한 칵테일로 'before midnight cocktail'이라고도 한다.

▶ 샴페인 칵테일(champagne cocktail)

축하식 때 사용하는 상쾌한 맛의 칵테일이다.

3. 세계의 향신료

▲ Herb & Spice

1) 향신료의 어원과 기능

향신료는 영어의 스파이스(spice)로 그 어원은 라틴어의 '약품'의 뜻을 지닌 'specices'에서 유래되었다.

한국어의 '양념'에 해당된다. 양념은 음식과 요리 본래의 미각을 돋우고 식욕을 촉진하는 한편, 소화를 원활하게 할 목적으로 사용하는 모든 종류의 향기 나는 물질로서 조미료와 향신료를 모두 포함한다. 그중 짠맛, 단맛, 신맛을 내는 소금, 설탕, 식초 등을 조미료라고 하며 매운맛을 내거나 좋은 향기를 지닌 것을 향신료라고 한다.

향신료 가운데 사용하는 부위에 따라 허브(herb)와 스파이스(spice)로 나뉜다. 풀의 줄기나 잎에서 얻는 것을 허브라 하고 식물의 열매, 씨, 꽃, 나무껍질, 뿌리 등에서 얻은 것을 스파이스라 한다.

향신료는 고대시대부터 약품, 제사, 미약 등으로 이용되던 것이 육식을 주로 하던 중세 유럽인들이 후추의 맛을 알게 되면서 식용으로도 사용되었으며 요리에 좋은 향기와 다양한 색으로 식욕을 촉진시키거나 소화액의 분비를 촉진하여 소화를 도와준다. 대부분의 향신료에는 방부, 살균, 살충의 성분이 있어 음식이 쉽게 상하는 것을 막아주기도 하는데 더운 동남아시아, 인도, 남미 등지의 요리에 고추 같은 자극적인 향신료가 많이 사용되는 것도 이러한 이유 때문일 것이다. 또한 향신료는 예부터 각종 병의 치료나 예방에도 사용되어 그 효용이 알려져 있다.

2) 향신료의 유래와 역사

향신료는 이미 5천여 년 전부터 중국, 이집트, 메소포타미아, 인도 등지에서 사용되어 왔다. 중국에서는 기원전 3000년경 신농씨 형제에 의해 약용식물이 처음 연구된 것으로 알려져 있으며 고대 이집트에서는 미라의 부패를 막기 위해 향신료가 방부제로 사용되었고 피라미드 건설의 노동자들에게 마늘을 먹였다고 한다. 고대인들은 주로 향신료를 음식보다 약으로 주로 이용하였음을 알 수 있다.

유럽에 향신료가 소개된 것은 6세기경 아랍상인들에 의해 중국, 인도네시아, 인도 등지에서 재배된 향신료가 이집트, 그리스, 이탈리아로 판매되었으며 향신료를 본격적으로 사용하기 시작한 것은 로마가 이집트를 정복한 후이다.

초기 아랍상인들에 의해 주로 거래되던 향신료는 운반되는 데 소요시간이 길고 해상로와 육로를 통한 위험이 많이 따르고 아랍상인들이 독점권을 얻기 위해 원산지를 극비로 하여 쉽게 구할 수 없었기 때문에 금과 은처럼 아주 귀하고 값비싸게 거래되었다.

이처럼 귀하고 비싼 향신료를 구하기 위해 향신료의 원산지를 찾아 떠난 사실은 세계사적으로 중요한 역사를 남겼다. C. 콜럼버스의 신대륙 발견과 바스코 다가마가 아프리카 남단의 희망봉을 돌아 인도까지의 대항로를 개척한 일 그리고 마젤란의 세계일주 등이 그 예이다.

한편 마르코 폴로의 〈동방견문록〉을 통해 향신료의 원산지가 유럽에 알려지면서 포르투갈, 에스파냐, 네덜란드, 영국 등을 중심으로 한 향신료 무역권의 독점을 위한 향신료 전쟁이 계속되었으며 이후 향신료 원산지를 중심으로 유럽 나라들의 식민지화가 시작되었다.

비싸고 귀한 향신료는 신대륙으로부터 후추, 생강 외 고추, 바닐라, 올스파이스 같은 새로운 향신료와 향신료를 대신할 커피, 코코아, 차 같은 기호식품을 들여오게 되고 향신료의 새로운 풍토에서의 적응으로 재배가 가능해짐에 따라 향신료의 가격과 희소가치는 서서히 떨어지기 시작하였다. 또한 중세의 강한 향신료를 과다 사용하던 조리법이 자국의 토착 향신료를 차츰 선호하게 된 것도 한 요인으로 작용하였다.

이러한 우여곡절의 역사 속에서 오늘날의 향신료는 과거의 사치품은 아니지만 여전히 요리에 보다 이국적이고 다양한 맛과 향기를 느끼고자 선택하는 보편적이고 대중적인 기호식품으로서 중요성을 지니게 되었다.

최근에는 향신료의 성분이 활발히 연구되면서 건강에 유익한 생리 활성물질이 밝혀져 약이나 건강보조제로도 개발하고 있다.

3) 향신료의 종류와 특징

향신료는 한 가지만으로 사용되기도 하지만 보통 두 가지 이상이 혼합되어 사용되는 것이 일반적이다. 고대 로마의 옥시가룸은 소두구·커민·박하·꿀·후추·식초 등을 혼합하였고 무리아는 고수·미나리·생강·파슬리·후추·사프란·소금·선백리 등을 배합하였다. 요리문화가 발달한 중국의 오향은 계피·정향·산초·진피·팔각을 말하며 향신료의 나라 인도에서는 가람 마살라(masala)라 하여 고수씨 · 후추 · 소두구 · 정향 · 육계나무 껍질 등 독특한 향을 내는 10여 가지 향신료를 혼합하여 요리에 보편적으로 이용하며 인도의 커리는 후추 · 너트맥 · 생강 · 계피 · 정향 · 코리앤더 · 커민 · 딜 · 회향 · 심황 · 시나몬 같은 향신료를 배합한 것이다. 멕시코의 칠리 파우더는 고추 · 오레가노와 딜, 그 외의 몇 가지 향신료를 혼합한 것이다. 이와 같은 복합 향신료는 음식의 종류, 기후, 먹는 사람의 건강상태에 따라 혼합비율을 결정한다.

다음은 사용부위에 따른 향신료의 특징을 각각 알아보자.

(1) 잎을 이용한 향신료

① 바질(basil)

▲ 바질

민트과에 속하는 1년생 식물로 원산지는 동아시아이며, 이태리와 프랑스에서 토마토 요리나 생선요리에 특히 많이 사용한다.

② 코리앤더(coriander)

▲ 코리앤더

미나리과의 한해살이풀로 지중해 연안 여러 나라에서 자생하고 있다. 고수 또는 중국 파슬리라 하며 코리앤더의 잎과 줄기만을 가리켜 실란트로(silantro)라고도 한다. 잎과 씨앗이 향신채와 향신료로 두루 쓰이며 중국, 베트남 특히 태국음식에 많이 사용한다.

③ 오레가노(oregano)

병충해와 추위에 잘 견디며 강인함이 돋보인다. 독특한 향과 맵고 쌉쌀한 맛이 토마토와 잘 어울려 토마토를 이용한 이탈리아 요리 특히 피자에 빼놓을 수 없는 향신료이다.

▲ 오레가노

④ 로즈메리(rosemary)

솔잎을 닮은 은녹색 잎을 가진 큰 잡목의 잎으로 지중해 연안이 원산지이다. 강한 향기와 살균력을 가지고 있으며 육류 · 칠면조 · 닭요리 등에 주로 이용한다.

▲ 로즈메리

⑤ 타라곤(tarragon)

국화과 식물의 잎으로 쑥의 일종이며 시베리아가 원산지이다. 매운 향이 나며 프랑스 요리의 기본이 되는 향신료이다. 소스나 샐러드, 수프, 생선요리, 버터, 오일 등을 만들 때 널리 이용한다.

▲ 타라곤

⑥ 월계수잎(bay leaf)

지중해 연안과 남부유럽 특히 이탈리아에서 많이 생산되며 프랑스, 그리스, 터키, 멕시코를 중심으로 자생한다. 월계수나무의 잎을 생으로 또는 건조시켜 이용한다. 생잎은 약간 쓴맛이 있지만 건조하면 단맛과 향긋한 향이 난다. 요리에 누린내 제거를 위해 육류, 생선, 가금류에 주로 이용되며 채소류를 이용한 음식에도 쓰인다.

▲ 월계수잎

(2) 뿌리를 이용한 향신료

① 마늘(galic)

백합과의 다년초로 아시아 서부가 원산지이고 인도, 중국, 동남아시아, 지중해, 멕시코, 남미 등지에서 많이 사용한다. 고대부터 마늘에는 전염병이나 각종 질병을 막아주는 효과가 있다고 믿어왔으며 실제 마늘은 혈액순환을 촉진하거나 콜레스테롤을 낮춰주고 빈혈과 저혈압에도 좋다고 한다. 한국 요리에 빠질 수 없는 중요한 향신료이다.

② 생강(ginger)

여러해살이풀인 생강은 인도와 아시아 열대지역이 원산지이며 세계 각국에서 요리에 사용하고 있다. 영국과 독일에서는 잼이나 맥주에 생강을 넣기도 하며 아프리카의 쿠스쿠스에도 이용한다.

인도에서는 생강을 전채요리로 이용하며 일본의 경우 날것으로 얇게 썬 뒤 식초에 절여 초밥 등을 먹을 때 곁들이고, 한국에서는 특히 김치를 담글 때 고추, 마늘과 함께 주요 양념류에 해당되며 그 외 술, 차, 과자 등에도 이용한다.

③ 와사비(wasabi)

겨잣과의 풀로 고추냉이라고도 하며 산골짜기의 깨끗한 물이 흐르는 곳에서 자란다. 원기둥 모양의 땅속줄기에서 나온 잎이 심장처럼 생겼으며 톡 쏘는 매운맛이 특징적이며 특히 일본음식의 생선회나 소스에 많이 이용한다.

▲ 와사비

④ 터메릭(turmeric)

심황, 강황이라고도 불리는 향신료로서 열대 아시아가 원산지이다. 생강과 비슷하게 생겼으며 진한 노란색을 띠고 톡 쏘는 맛이 난다. 동양의 사프란으로 알려져 있으며 인도음식에 커리나 쌀 요리에 많이 이용한다.

▲ 터메릭

(3) 줄기 또는 껍질을 이용한 향신료

① 레몬그라스(lemongrass)

원산지가 뚜렷하지 않으며 인도와 말레이시아에서 많이 재배한다. 레몬향기가 나는 풀로서 태국이나 베트남의 소스, 수프, 생선, 닭요리, 차와 사탕류 등에 널리 이용된다.

▲ 레몬그라스

② 차이브(chive)

시베리아, 유럽, 일본 홋카이도 등이 원산지이고 모양이 작은 파와 같이 잎이 매우 가늘다. 톡 쏘는 향긋한 냄새가 식욕을 증진시킨다. 고기요리 · 생선요리 · 조개 · 수프 등 각종 요리의 향신료 및 염색, 드라이플라워 등의 염료로도 쓰인다.

▲ 차이브

③ 계피(cinnamon)

계수나무의 껍질로 서양요리의 시나몬으로 불리는 육계피의 일종이다. 계피는 후추, 정향과 함께 세계 3대 향신료에 속한다.

스리랑카 · 중국 · 미얀마 등지가 원산지이고 오늘날에는 서인도제도에서 주로 재배되고 있다. 독특한 청량감과 향기, 달콤한 맛이 특징이며 4000년의 역사를 지닌다.

▲ 계피

(4) 열매를 이용한 향신료

① 후추(pepper)

▲ 후추

인도 남부지역이 원산지이며 한국 · 인도 · 인도네시아 · 말레이반도 · 서인도제도 등지의 열대지방에서도 널리 재배된다. 후추는 로마시대에 향신료로서의 가치를 인정받아 아랍상인들의 주된 거래물품이었다. 15세기 대부분의 유럽 항해가 값비싼 후추를 얻기 위한 것임을 생각한다면 후추가 유럽의 역사에 끼친 영향은 대단하였음을 짐작할 수 있다. 검은 후추는 덜 익은 초록색의 열매나 익기 시작한 열매를 따서 끓는 물에 10분 정도 담갔다가 건져서 말린 것이다. 반면에 백후추는 열매가 완전히 익었을 때 따서 물에 담갔다가 외피를 제거한 것으로 검은 후추보다 매운맛이 적고 생산량이 많지 않아 값이 비싼 편이다.

② 고추(red pepper, chili pepper)

▲ 고추

라틴아메리카가 원산지로 오늘날 전 세계의 열대, 온대 지방에서 널리 재배되고 있다. 콜럼버스의 신대륙 발견 이후 유럽에 전해진 후 인도, 아시아, 아프리카로 퍼져 짧은 시간에 전 세계에 전해졌다. 매운맛의 정도에 따라 크게 세 종류로 나뉜다. 매운맛이 거의 없고 단맛이 나는 열매가 큰 헝가리의 파프리카(paprika), 중간 정도의 매운맛을 가진 보통의 고추, 크기가 작고 강한 매운맛을 지닌 멕시코의 칠리(chili)로 구분된다. 고추는 우리나라의 향신료 중 가장 큰 비중을 차지하고 있다.

③ 바닐라(vanilla)

난초과 식물인 바닐라는 열대 아메리카가 원산지이며 스페인 사람들을 통해 유럽으로 전파되었다. 바닐라는 초콜릿향료로 사용되거나 달콤한 맛을 내는 음식에 향을 첨가하기 위해 사용된다.

▲ 바닐라

④ 올스파이스(allspice)

'자메이카 고추' 또는 '자메이카 후추'라고도 불리며 아메리카 열대지역과 서인도 제도 연안이 원산지이다. 콜럼버스와 그 일행이 카리브해 탐험에서 발견한 것으로 후추, 시나몬, 너트맥, 정향을 섞어 향이 나자 영국인 식물학자 존 레이(John Ray)가 올스파이스라는 이름을 붙였다.

(5) 씨앗을 이용한 향신료

① 너트맥(nutmeg)

육두구라 불리며 인도가 원산지이고 인도, 인도네시아, 그레나다 등에서 재배되며 통째로 또는 갈아서 이용한다. 껍질을 햇볕에 말리면 매우 화려한 심홍색을 띠게 되어 아주 예민해져 다른 향신료와 함께 쓰이면 제맛을 내지 못한다.

▲ 너트맥

② 캐러웨이씨(caraway seed)

미나리과의 캐러웨이는 서아시아와 중앙유럽이 원산지이다. 로마제국시대 유럽에 의해 전해졌으며 아프리카, 동유럽, 중앙유럽, 스칸디나비아 등지에서 요리에 이용된다. 커민과 비슷하게 생겼으며 나쁜 기운을 막아주는 효능이 있다 하여 이집트

▲ 캐러웨이꽃

파라오의 무덤에 넣기도 하였다.

③ 커민씨(cumin seed)

미나리과의 커민은 지중해 동부와 이집트 북부가 원산지이고 아프리카 북부, 중동, 인도 등지에서 널리 재배된다. 터키 케밥의 특유한 향이 바로 커민의 향 때문이다. 그 외 아프리카의 쿠스쿠스, 인도의 커리, 탄두리치킨, 멕시코의 칠리 콘 카르네 등에 이용된다.

④ 코리앤더씨(coriander seed)

미나리과의 식물인 고수 씨앗으로 지중해, 중동, 인도, 중국 등지에서 수천 년 전부터 알려진 향신료이다.

⑤ 겨자(mustard)

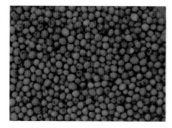
▲ 겨자

남부유럽, 아프리카 북부, 서아시아 일대가 원산지이며 전 세계 온대지역에서 널리 재배된다. 톡 쏘는 매운맛이 특징인 겨자는 종자에 따라 흑겨자·백겨자·인도겨자가 있다. 겨자씨는 그대로는 매운맛이 나지 않으나 가루를 내어 미지근한 물에 개어두면 효소의 작용으로 매운맛이 난다. 겨자씨를 빻아 식초나 설탕을 넣어 만든 머스터드 소스는 서양요리에서는 빼놓을 수 없는 식재료이다.

(6) 꽃을 이용한 향신료

① 사프란(saffron)

붓꽃과의 식물로 동양이 원산지이며 프랑스, 스페인, 이탈리아, 이란 등지에서도 오랜전부터 재배되어 왔다. 사프란 꽃 100송이를 따야 1g 정도 얻을 수 있기 때문에 향신료 중 가장 비싸다. 중세 살레르노 학파는 사프란을 다음과 같은 말로 찬양하였다. "사프란은 기분이 좋아지게 함으로써 원기를 회복시켜 주고 간을 치료함으로써 수족을 튼튼하게 해준다." 음식에서 사프란은 짜고 단 음식의 맛과 리큐어 술의 맛에 균형을 잡아주는 역할을 한다.

② 정향(clove)

몰루카섬이 원산지이고 정향나무의 꽃봉오리로 형태가 못처럼 생기고 향기가 나므로 정향이라고 한다. 매운맛이 강하여 식욕을 증진시키는 역할을 한다.

▲ 정향

③ 케이퍼(caper)

지중해 연안에서 널리 자생하는 식물로, 꽃봉오리를 향신료로 사용한다. 올리브와 유사한 녹색을 띠며 크기는 후추만 한 것부터 강낭콩만 한 것까지 다양하다. 주로 식초에 절인 상태로 시판되며 시큼한 향과 약간 매운맛을 지닌다.

▲ 케이퍼

④ 스타아니스(star anise)

중국이 원산지로 별모양으로 팔각이라고도 하며 중국요리에 널리 사용된다. 달콤한 향미가 강하고 약간의 쓴맛과 떫은맛이 느껴지는 것으로 중국 오향(五香)의 주원료가 된다.

▲ 스타아니스

▲ 팔각

▲ 정향

테이블 매너

❶ 테이블 매너의 의미와 중요성
❷ 식사의 기본 매너
❸ 식사 후 매너

테이블 매너

1. 테이블 매너의 의미와 중요성

▲ 정식 테이블 세팅

우리는 인생의 많은 부분을 식사와 관련하여 소비한다. 한 끼니를 때우기 위해 식사하는 경우도 있지만 사업상 목적 또는 타인과의 교제를 위하여 식사하는 경우도 많다.

타인과 식사를 하며 제대로 된 예를 갖추지 못하여 타인에게 실례를 범하게 된다면 그것은 나쁜 기억으로 남게 될 것이다.

테이블 매너는 식사하는 예절이다. 식사의 질은 단순히 음식의 질만으로 결정되는 것이 아니고 분위기, 같이 식사하는 사람과의 대화, 서비스하는 사람의 자세 등의 다른 여러 요인에 의해서도 질이 결정되는데 그 질을 결정하는 중요 요인 중 하나가 식사하는 사람들의 테이블 매너이다. 식사하는 모습에서도 그 사람의 기품이 느껴지고 이에 따라 식사의 분위기에도 영향을 주기 때문이다.

2. 식사의 기본 매너

　제대로 된 테이블 매너를 갖추기 위해서는 식사 전 매너, 식사 중 매너, 식사 후 매너 모두가 삼위일체로 깔끔하게 조화를 이루어야 한다.

　아래에 서술하는 내용은 고급 레스토랑(fine dining restaurant)에서 필요한 테이블 매너에 관한 사항이다.

1) 식사 전 매너

(1) 예약

　좋은 식당에 가서 제대로 된 서비스를 받으려면 반드시 예약을 해야 한다. 식당에서도 고객접대를 위한 준비시간이 필요하기 때문이다. 식당에 따라서는 예약 고객만 받는 곳도 있다. 예약자 또는 행사 주최자는 대표자의 이름, 시간, 참석자 수를 알려주어야 하고 또한 식사모임의 목적까지 알려주면 목적에 맞는 준비를 식당 측에서 미리 준비해 놓을 수도 있다. 또한 참석인원이 많은 경우는 미리 메뉴를 정해 알려주어야 한다. 예약 시 원하는 좌석 형태를 이야기할 수도 있다. 즉 창가 좌석이라든지, 조용한 좌석 등을 의미한다. 부득이하게 예약 취소 또는 변경 시 즉각적으로 식당 측에 연락하는 것도 매너이다. 그리고 늦을 경우도 연락해 주어야 한다. 그렇지 않으면 예약이 취소될 수도 있다.

(2) 도착

　식당 입구에 도착하면 지배인 또는 리셉셔니스트에게 예약자 이름을 이야기해 주고 기다려야 한다. 그냥 입장하여 고객들이 원하는 테이블에 앉을 수 있는 것은 아니다. 만일 예약 시 원하는 테이블과 위치를 이야기하지 않았다면 입장하면서 고객이 원하는 타입의 테이블과 위치를 배정해 줄 수 있는지도 물어볼 수 있다. 테이블 확인이 끝나면 직원의 인도로 테이블로 가서 의자에 앉는다. 테이블 내에서의 좌석 위치는 고령자, 여성, 주최자 등을 고려하여 배치한다.

입장 시 긴 외투, 모자, 큰 가방은 식당 입구의 보관 룸(cloak room)에 맡겨 놓는다.

(3) 착석과 냅킨 사용

좌석에 앉을 시 고령자나 여성의 경우 웨이터 또는 참석한 다른 남성의 도움을 받아 앉는 것이 일반적이다. 웨이터가 의자를 빼주면 여성은 왼쪽으로 들어가 앉으며 웨이터 또는 남성이 의자를 뺐다가 다시 들이밀어 여성이 편하게 앉게 도와주는 것이다. 테이블과 가슴 사이의 간격은 주먹 2개 정도의 거리(6-9cm)가 이상적이나 경우에 따라 약간의 조정도 가능하다. 의자에 앉고 나서는 상체를 세우고 손은 무릎위에 놓으면 된다. 팔꿈치를 테이블 위에 놓는 행위는 삼가야 한다. 가지고 있는 조그만 가방이나 휴대품은 식탁 위에 올려놓는 것이 아니고 의자등받이와 자신의 등 사이의 의자 위에 두는 것이다.

냅킨은 수건이 아니고 옷이 더럽혀지는 것을 방지하고 식사 중간중간에 입술을 닦는 데 사용하는 것이다. 냅킨은 무릎 위에 펼쳐 올려놓고 식사 중 필요에 따라 입술을 부드럽게 닦고 여성의 경우 입술의 립스틱이 냅킨에 묻지 않도록 유의하여야 한다. 기름기가 있는 고기를 먹고 난 후 와인을 마실 경우는 와인을 마시기 전에 냅킨으로 입술의 기름기를 살짝 닦아내는 것이 매너이다. 와인 위에 기름기가 떠 있는 것을 방지하기 위해서이다. 식사를 마친 후엔 냅킨을 적당히 접어서 테이블 위에 놓으면 된다. 너무 깨끗하게 접어놓으면 사용하지 않은 것으로 착각할 수도 있기 때문이다.

▲ 테이블 위의 냅킨

▲ 여러 가지 냅킨

2) 식사 중 매너

(1) 실버웨어 사용

　테이블 위에 중앙접시(show plate)를 중심으로 왼쪽에는 포크(fork)가 있고 오른쪽에는 나이프(knife)가 있다. 메뉴에 따라 테이블 위에 있는 포크와 나이프 같은 실버웨어(은기류: silver ware) 수는 변한다. 정통고급 레스토랑에서 서양음식을 먹을 때 한 번의 코스요리에 사용한 실버웨어는 다시 사용하지 않는 것을 원칙으로 하기 때문이다. 즉 샐러드(salad) 먹을 때 사용했던 포크는 샐러드 먹을 때만 사용하고 다른 코스의 음식을 먹을 때는 또 다른 포크를 사용한다. 다만 캐주얼 레스토랑(casual restaurant)에서는 하나의 포크와 나이프로 전 코스를 식사하는 경우도 있다. 여러 개의 포크와 나이프가 있을 때에는 바깥쪽에 있는 나이프와 포크 순으로 사용하고 음식을 나이프로 찍어서 입으로 가져가는 것은 절대 안 된다. 포크를 입안으로 직접 넣는 것도 절대 삼가야 한다.

▲ 실버웨어

(2) 빵 먹는 매너

빵은 서양음식에서 기본에 속하기 때문에 코스에도 들어가 있지는 않지만 당연히 나오는 것으로 인식되어 있다.

빵이 나오는 순서는 경우에 따라 다르지만 보통 식사의 초반부에 나온다. 처음부터 빵이 나오는 경우도 있고 수프가 나온 후에 나오는 경우도 있다. 먹는 시기는 빵이 나온 후엔 언제든지 먹어도 좋지만 수프를 먹은 후부터 디저트를 먹기 진까지 먹는 것을 마치는 것이 보통이다. 빵은 이진에 믹은 요리의 맛을 정리하고 다른 맛욜 보기 위하여 있는 것이기 때문에 많이 먹어 배를 채워 다른 음식을 못 먹게 해서는 안 된다. 빵 접시는 왼쪽에 있는 것이 본인의 것임을 기억해야 한다. 원형테이블이나 긴 테이블에 한 사람이 오른쪽 빵 접시를 사용하면 오른편에 있는 사람은 곤란하게 되어 식탁에서 혼란이 일어난다. 그리고 빵은 손으로 적당량을 잘라 먹는 것이지 나이프나 포크를 사용하여 자르지는 않는다. 빵에 버터나 잼을 바를 때에는 버터스프레드(butter spread)를 사용한다.

▲ 빵과 버터나이프

(3) 전채(appetizer)

전채는 본 음식을 먹기 전에 입맛을 내게 하는 것으로 신맛이 난거나 짠맛이 나는 것이 보통이고 소량이다. 전채요리에 따라서는 포크 이외에도 나이프가 나오는 경우도 있고 생굴(oyster)의 경우는 생굴용 포크가 따로 나온다.

▲ 전채요리

(4) 수프(soup)

수프는 수프용 스푼으로 천천히 먹는데 뜨거워도 호호 불면서 먹거나 후루룩 소리를 내며 먹어서는 안 된다.

먹고 나서 수프 볼(bowl)이나 컵(cup)에 스푼을 올려놓아서는 안 된다.

▲ 양송이 수프

(5) 생선요리(fish)

생선요리가 나올 때는 보통 레몬이 곁들여 나온다. 이는 비린내와 기름진 맛을 없애기 위해서이고, 생선요리는 잘 부서지기 때문에 조심스럽게 자르고 먹어야 한다. 부서진 생선조각은 먹어도 무방하다.

▲ 연어 스테이크

(6) 스테이크(steak)

스테이크를 주문하기 전에는 반드시 고객이 좋아하는 정도의 굽기를 웨이터에게 이야기해 주어야 한다. 굽기의 정도에는 well-done, medium well-done, medium, medium rare, rare 등이 있다. 식사 시 본인이 좋아하는 정도의 굽기를 택하면 된다.

▲ 랍스터 안심스테이크

(7) 채소(vegetable)

주요리(main dish)에 채소가 가니쉬(garnish)로 같이 서비스되어 나온다. 채소는 포크와 나이프를 이용하여 먹기 적당한 크기로 잘라서 먹으면 되고 구운 감자(baked potato)의 경우는 껍질을 먹어도 무방하다.

(8) 샐러드(Salad)

샐러드는 육류의 산성을 중화시키는 것으로 최근에 건강의 상징으로 더욱 부각되고 있다. 샐러드는 고기요리와 같이 먹는 것이 좋고 샐러드를 먹을 때는 고기용 포크를 사용하지 말고 샐러드용 포크를 사용하는 것이 예의이다.

▲ 샐러드와 포토이토 스킨

(9) 디저트(dessert)

디저트는 주요리를 먹은 후에 입안을 정리하는 기능이 있고 약간 단맛이 있는 것이 보통이다. 아이스크림, 케이크 등이 있다. 이 또한 디저트용 나이프와 포크를 사용해야 한다.

▲ 과일무스 케이크

(10) 커피(coffee)와 차(tea)

커피나 차는 식사의 마지막 코스이다. 커피는 보통 레귤러 원두커피나 카페인이 없는 상카커피(sanca coffee)가 있고 차는 홍차나 녹차가 보통이다. 커피나 차를 마실 때는 역시 소리가 나지 않게 먹어야 하고 잔을 잡을 때는 잔의 고리에 검지손가락을 끼우는 것이 아니고 엄지와 검지로 잔의 고리를 쥐는 것이 보통이다.

(11) 기타 유의사항

① 식사를 하며 후루룩 또는 쩝쩝 소리를 내는 것은 절대적으로 삼가야 한다.

② 물을 쏟았을 경우 본인이 처리하려 하지 말고 웨이터를 불러 처리하게 하라. 실버웨어(포크, 나이프 등)를 떨어뜨렸을 경우에도 당황하지 말고 웨이터에게 새것으로 바꾸어 달라고 하면 된다.

③ 모르는 음식이 나왔을 경우 부끄럽게 생각하지 말고 웨이터나 주변 사람에게 물어서 먹으면 된다.

④ 일단 착석을 하고 나면 밖에 나가는 일을 가급적 삼가고 두리번거리지 않는 것이 예의이다.

⑤ 최근의 전 세계적 추세가 식당에서의 금연이다.

⑥ 테이블에서 화장을 하거나 고치는 것은 예의에 벗어난다.

⑦ 웨이터의 도움이 필요할 경우 소리 내어 부르기보다는 손을 약간 들어 부르면 된다.

⑧ 소금이나 후추와 같은 양념류는 기본적으로 테이블 위에 놓여 있고 머스터드, 타바스코, A1소스는 주문에 의해 갖다주는데 보통 맛을 본 후 입맛에 맞게 뿌리면 된다.

좋은 레스토랑은 최적의 맛을 내놓기 때문에 추가적인 양념을 하는 것은 주방장을 무시하고 맛을 모르는 사람으로 보일 수도 있다.

3. 식사 후 매너

1) 식사 후 계산

계산은 자리를 뜨기 전 웨이터를 불러 계산서(bill)를 가져오게 하고 좌석에 앉은 채 정산하는 것이 보통이다.

2) 팁(tip)

팁은 미국에서는 식사 후 거의 꼭 주어야 하는 일상적인 행위이다. 팁을 주는 것은 웨이터의 서비스에 대한 감사표시이다. 팁의 액수는 계산서 액수의 10~15% 정도가 보통이다. 국내 호텔의 경우, service charge가 계산서에 10% 부과되어 나오기 때문에 주지 않아도 무방하다.

유럽이나 호주의 경우 팁을 반드시 주어야 하는 것은 아니다.

• 구난숙 외 3인, 세계 속의 음식문화, 교문사, 2006

• 구성자 · 김희선, 새롭게 쓴 세계의 음식문화, 교문사, 2005

• 김기숙 외, 식품과 음식문화, 교문사, 1999

• 김숙희 · 강병남, 세계의 식생활과 음식문화, 대왕사, 2007

• 김숙희 외 1인, 세계의 식생활과 음식문화, 2007

• 김윤태, 지구촌 음식문화, 대왕사, 2006

• 김천호, 지구촌 음식문화, 교학사, 2002

• 김혜영 외 4명, 문화와 식생활, 효일, 2004

• 김희섭 외 5인, 세계요리 문화산책, 대가, 2005

• 동아시아식생활연구회(옮김), 세계의 음식문화, 광문각, 2005

• 류무희 외 6인, 음료의 이해, 교문사, 2006

• 마빈 해리스, 음식문화의 수수께끼, 한길사, 2008

• 맛시모 몬타나리, 유럽의 음식문화, 새물결, 2001

• 문수재 · 손경희, 세계의 식생활문화, 신광출판사, 2005

• 문수재 외 1인, 세계의 식생활문화, 신광, 2005

• 박금순 외 5인, 음식과 식생활문화, 효일, 2007

• 박영배, 음료 주장관리, 백산출판사, 1999

• 박춘란, 식생활 문화, 효일, 2005

- 성태종 · 이연정 외 7인, 음식문화비교론, 대왕사, 2006

- 세계를 간다-유럽20개국, 중앙M&B, 2000

- 세계를 간다 19 남미, 중앙M&B, 2000

- 세계를 간다 22 터키, 중앙M&B, 2000

- 세계를 간다 3 미국, 중앙M&B, 2000

- 아니 위베르 · 클레르 부알로, 미식, 창해ABC북, 2000

- 아니 위베르 · 클레르 부알로, 향신료, 창해ABC북, 2000

- 안명자, 한국의 다도와 예절, (주)새부산문화사, 2001

- 양향자, 세계음식문화여행, 크로바, 2006

- 염진철 외 5인, 기초서양조리, 백산출판사, 2006

- 우문호 · 이재우, 세계의 음식과 문화, 학문사, 2004

- 우문호 외 5인, 글로벌시대의 음식과 문화, 학문사, 2006

- 원융희, 글로벌 비즈니스 에티켓, 두남출판사, 2001

- 원융희, 세계의 음식이야기, 백산출판사, 2003

- 원융희, 세계의 음식이야기, 백산출판사, 2003

- 월간 Wine Review, 자원평가연구원

- 이성순, 유럽문화의 산책, 형성, 2004

- 21세기 연구회, 진짜 세계사, 음식이 만든 역사, 월간쿠겐(주)베스트홈, 2008

- 이춘자 · 김귀영 · 박혜원, 김치, 대원사, 1998

- 주영하, 음식전쟁 · 문화전쟁, 사계절, 2000

- 지구촌 음식문화기행, 원융희, 신광출판사, 2001

- 최 훈, 와인과의 만남, 자원평가연구원, 2006

- 최 훈, 유럽의 와인, 자원평가연구원, 2008

- 최 훈, 프랑스 와인, 자원평가연구원, 2005

- 츠노야마 사가에, 녹차문화 홍차문화, 예문서원, 2000

- 한복선, 팔도음식, 대원사, 1989

- 한복진 · 한복려, 우리가 정말 알아야 할 우리음식 백가지 1, 현암사, 1998
- 한복진 · 한복려, 우리가 정말 알아야 할 우리음식 백가지 2, 현암사, 1998
- 황혜성 외 2인, 조선왕조 궁중음식, (사)궁중음식연구원, 2004
- Margaret McWilliams, Food Around The World, Prentice-Hall

저 자 소 개

김 의 근

- 미국 플로리다주립대학(FIU)
  Hotel & Foodservice Management 석사
- 아주대학교 경영학 박사
- 동아대학교 관광경영학과 교수

김 석 지

- 동아대학교 식품영양학과 이학석사
- 동아대학교 식품영양학과 이학박사
- 현) 경남정보대학교 식품영양과 겸임교수

박 명 주

- 동아대학교 식품영양학과 이학석사
- 동아대학교 식품영양학과 이학박사
- 현) 경남정보대학교 호텔외식조리과 겸임교수

이 선 익

- 동아대학교 식품영양학과 이학석사
- 동아대학교 관광경영학과 경영학박사
- 현) 동아대학교 국제관광학과 강사

우 문 호

- 동아대학교 관광경영학 박사
- 동아대학교 국제관광학과 박사
- 현) 부산디지털대학교 초빙교수

이 철 우

- 동아대학교 관광경영학 석사
- 동아대학교 국제관광학과 박사
- 현) 동아대학교 국제관광학과 강사

저자와의
합의하에
인지첩부
생략

세계 음식문화

2009년 3월 5일 초 판 1쇄 발행
2022년 11월 10일 개정2판 5쇄 발행

지은이 김의근·김석지·박명주·이선익·우문호·이철우
펴낸이 진욱상
펴낸곳 백산출판사
교 정 편집부
본문디자인 신화정
표지디자인 오정은

등 록 1974년 1월 9일 제406-1974-000001호
주 소 경기도 파주시 회동길 370(백산빌딩 3층)
전 화 02-914-1621(代)
팩 스 031-955-9911
이메일 edit@ibaeksan.kr
홈페이지 www.ibaeksan.kr

ISBN 979-11-5763-618-1 93590
값 23,000원